Sammlung Göschen

Geschichte der Philosophie

VIII

Die Philosophie im letzten Drittel des neunzehnten Jahrhunderts

Von

Arthur Drews
Professor der Philosophie an der Technischen Hochschule in Karlsruhe

Berlin und Leipzig
Vereinigung wissenschaftlicher Verleger
Walter de Gruyter & Co.
vormals G. J. Göschen'sche Verlagshandlung . J. Guttentag, Verlags-buchhandlung . Georg Reimer . Karl J. Trübner . Veit & Comp.
1921

Druck der Vereinigung wissenschaftlicher Verleger
Walter de Gruyter & Co., Berlin W. 10

Inhaltsverzeichnis.

Seite

Literatur 4

Die Philosophie in Deutschland.

Der spekulative Idealismus 5
v. Hartmann 7
Anhänger Schopenhauers und Hartmanns: Frauenstädt, Mainländer, Bahnsen, v. Hellenbach, du Prel, Hamerling, Deussen, Peters, Drews 29
Wundt 36
Paulsen 46

Der Naturalismus 48
Dühring 48
Haeckel 55
Jodl 62
Gizycki, Tönnies, Ratzenhofer 64

Der Positivismus 66
Göring, v. Kirchmann 66
Laas 67
Avenarius 69
Mach 75
Petzold, Ziehen, Wahle, Cornelius 79

Die Immanenzphilosophie 80
Schuppe 80
v. Leclair, v. Schubert-Solbern 82
Rehmke 83

Der Neukantianismus 84
Helmholtz 85
Lange 89
Vaihinger 92
Riehl 96
Krause, Laßwitz 99

Die Marburger Philosophenschule 99
Cohen 99
Natorp 106
Vorländer, Staudinger, Stadler, Stammler 107

Die badische Philosophenschule 107
Windelband 108
Rickert (Cohn) 112

Seite
Der Relativismus 117
Simmel 117
Dilthey 121
Die Metaphysiker 125
Liebmann 126
Erhardt 127
Busse (Falckenberg) 127
Volkelt 128
Eucken 130
Die katholische Philosophie 134
Der Individualismus 136
Nietzsche 136
Schluß 150
Namenverzeichnis 154

Literatur.

F. Überweg, Grundriß der Geschichte der Philosophie. IV. Teil, Das 19. Jahrhundert in der Gegenwart. 1916.
R. Falckenberg, Geschichte der neueren Philosophie von Nikolaus von Kues bis zur Gegenwart im Grundriß dargestellt. 7. Aufl. 1913.
W. Windelband, Lehrbuch der Geschichte der Philosophie. 5. Aufl. 1910.
E. v. Hartmann, Geschichte der Metaphysik. Teil 2, seit Kant. 1902.
A. Drews, Die deutsche Spekulation seit Kant mit besonderer Rücksicht auf das Wesen des Absoluten und die Persönlichkeit Gottes. 1893.

Die Philosophie in Deutschland.

Der spekulative Idealismus.

Im Hegelschen absoluten Idealismus oder Panlogismus, der Lehre von der alleinigen Wirklichkeit der Vernunft, war das Streben der bisherigen Philosophie nach einer apodiktisch gewissen Wirklichkeitserkenntnis auf seine höchste Formel gebracht worden: das Sein muß Denken sein, um gedacht werden zu können, und es muß reines, von aller Erfahrung, allem Nichtgedanklichen freies Denken, es muß aus reiner Vernunft entsprungen sein, um rein, aus bloßer erfahrungsfreier Vernunft und darum mit zweifelloser Sicherheit erkannt zu werden. Als das Hegelsche System zusammenbrach, war damit der Abschluß einer Zeitspanne erreicht, die ihren Anfang in Plato genommen, und ein Gedanke zu Ende gedacht, der seither alle Philosophen mit größerer oder geringerer Entschiedenheit bestimmt hatte[1]).

Die Spekulation nach Hegel erblickte ihre Hauptaufgabe darin, zunächst den panlogistischen Pantheismus Hegels mit seiner Leugnung der Persönlichkeit Gottes, der persönlichen Unsterblichkeit und indeterministischen Freiheit zu bekämpfen, und sodann den materialistischen Atheismus der immer mächtiger empordrängenden und immer übermütiger sich gebärdenden Naturwissenschaft in seine Schranken zurückzuweisen, die

---

[1]) Vgl. den ersten Band dieser Geschichte der Philosophie: Die Phil. im ersten Drittel des 19. Jhds. 2. Aufl. 1920; ferner Leop. Ziegler: Der abendländische Rationalismus u. d. Eros 1915.

nach dem Zerfall des Hegelschen Systems der Philosophie den Rang im Zeitbewußtsein abzulaufen drohte. Sie stellte dem Pantheismus Hegels einen sog. spekulativen Theismus, die Lehre von einem selbstbewußten und persönlichen Gott, entgegen, den sie bald trinitarisch im Sinne der christlichen Dreieinigkeitslehre, bald unitarisch im Sinne der Aufklärung zu begründen strebte. Sie suchte, den Panlogismus, die Annahme eines rein vernünftigen Absoluten, durch die Hinzufügung eines absoluten Willens zur göttlichen Vernunft im Sinne Schellings und dessen „Positiver Philosophie" zu ergänzen und durch stärkere Berücksichtigung der Erfahrungswirklichkeit vor allem in naturwissenschaftlicher Hinsicht den Materialismus zu überwinden, jedoch ohne ein deutliches Bewußtsein davon, wie weit sie sich mit solchen Zugeständnissen an die Erfahrung von der methodologischen Grundlage aller bisherigen Philosophie entfernte. Ihre Bemühungen, sich auf diese Weise in ihrer alten Stellung innerhalb des modernen Geisteslebens zu behaupten, waren freilich nicht von Erfolg gekrönt. Die Annahme eines selbstbewußten Absoluten wurde von den Naturforschern mit Recht im Hinblick darauf zurückgewiesen, daß Bewußtsein nur auf materieller Grundlage möglich, Persönlichkeit nur als individuelle denkbar sei, und die Annahmen einer persönlichen Unsterblichkeit und indeterministischen Willensfreiheit erwiesen sich als nur im christlichen Bewußtsein begründet, aber wissenschaftlich unbeweisbar, ja, unmöglich. Das Liebäugeln der Philosophie mit der Kirchenlehre brachte sie im Zeitalter der politischen Reaktion bei allen frei denkenden Geistern in den Verdacht der Liebedienerei gegenüber den herrschenden Gewalten, dem Staate und der Kirche, wie dies u. a. auch in den Vorwürfen Schopenhauers gegen die „Philosophieprofessoren" zum Ausdruck gelangt; und als mit dem Aufkommen der Darwinschen Entwickelungslehre die größte Schwierigkeit der materialistischen Weltanschauung, die Naturzweckmäßigkeit, eine natürliche Erklärung gefunden zu haben und der Mechanismus, die Annahme einer rein äußerlichen Bestimmung des gesamten Weltgeschehens, allseitig zu triumphieren schien, sank die Philosophie vollends in der Achtung ihrer Zeitgenossen. In den sechziger Jahren des 19. Jahrhunderts schien sie ihren größten Tiefstand erreicht zu haben und ihr Untergang, ihre Ablösung durch die Naturwissenschaft ein für allemal besiegelt zu sein[1]).

Es war unter solchen Umständen ein Ereignis von der größten Bedeutung, als im November 1868 ein Werk erschien, das die Versöhnung zwischen Philosophie und Naturwissenschaft in einer ganz entgegengesetzten Weise herzustellen und das Eigenrecht der Philosophie ganz andersartig zu begründen suchte, als dies bisher unternommen worden war, nicht vom Standpunkte des Theismus, sondern von demjenigen des Pantheismus aus, nicht unter der Voraussetzung eines bewußten, sondern eines unbewußten und daher auch unpersönlichen Absoluten, und dies zwar in vollkommener Beherrschung des naturwissenschaftlichen Materials und in bewußter Anerkennung der induktiven Methode für die Gewinnung spekulativer Ergebnisse, wie sie auch sonst in den Erfahrungswissenschaften gehandhabt wurde. Dies Werk war „Die Philosophie des Unbewußten", anregend und ideenreich wie wenige Bücher des philosophischen Schrifttums, sein Verfasser ein fünfundzwanzigjähriger junger Mann:

Karl Robert Eduard v. Hartmann.

Geboren am 23. Februar 1842 in Berlin als Sohn eines preußischen Offiziers, erblickte er, selbst Offizier geworden, eine glänzende militärische Laufbahn vor sich, als er im Jahre

[1]) Vgl. hierzu meine Geschichte der Philosophie im zweiten Drittel des 19. Jhds. 1913 (Sammlung Göschen).

1855 durch ein Knieleiden zum Aufgeben des soldatischen Berufs genötigt wurde und nach einigem Schwanken, ob er Maler oder Komponist werden sollte, sich ganz der Philosophie zuwandte, die ihn schon vorher auf das lebhafteste beschäftigt hatte. Die „Philosophie des Unbewußten", die aus gelegentlichen Niederschriften, ohne Absicht, sie herauszugeben, entstanden war, machte ihn über Nacht zum berühmten Manne. Seit jener Zeit war er unter Ablehnung der mehrfach an ihn ergangenen Berufungen an eine Universität unermüdlich mit der Ausarbeitung seines philosophischen Systems beschäftigt, hat aber außer philosophischen Werken auch eine große Anzahl anderer Schriften und Aufsätze veröffentlicht, in denen er zu den sozialen, politischen, religiösen und sonstigen Problemen der Zeit Stellung nahm, und starb am 5. Juni 1906 in seinem Wohnorte Groß-Lichterfelde bei Berlin.

Seine Hauptwerke sind: „Die Philosophie des Unbewußten" deren 11. Auflage 1904 in drei Bänden, und wovon 1913 eine gekürzte Volksausgabe erschien; die „Phänomenologie des sittlichen Bewußtseins" (1879), zweite Auflage unter dem Titel „Das sittliche Bewußtsein" (1886); die „Religionsphilosophie: erster hist.-krit. Teil: Das religiöse Bewußtsein der Menschheit im Stufengang seiner Entwickelung (1882, dritte Auflage 1906), zweiter system. Teil: Die Religion des Geistes" (1882, dritte Auflage 1907); die „Ästhetik: erster hist.-krit. Teil: Die deutsche Ästhetik seit Kant (1886), zweiter system. Teil: Die Philosophie des Schönen" (1887); die „Kategorienlehre" (1896); „Die Weltanschauung der modernen Physik" (1902, zweite Auflage 1909); „Das Problem des Lebens" (1906). Von besonderer Wichtigkeit sind außerdem „Das Grundproblem der Erkenntnistheorie" (1889, zweite Auflage 1914); die „Geschichte der Metaphysik" (zwei Bände 1899, 1900); „Die moderne Psychologie" (1901) sowie vor allem das nach dem Tode Hartmanns erschienene „System der Philosophie im Grundriß" in acht Bänden (Erkenntnislehre, Naturphilosophie, Psychologie, Metaphysik, Axiologie, Ethische Prinzipienlehre, Religionsphilosophie, Ästhetik). Über Hartmann handeln: A. Drews: E. v. Hartmanns philosophisches System im Grundriß (zweite Ausgabe 1906); derselbe: Das Lebenswerk E. v. Hartmanns (1907); Th. Kappstein: E. v. Hartmann (1907); O. Braun: E. v. Hartmann (1909).

Die bisherige Philosophie hatte in ihrem Streben nach apodiktischer Erkenntnis der Wirklichkeit die deduktive Methode bevorzugt, sei es, daß sie hierbei von der Einerleiheit des Denkens und des Seins, sei es, daß sie von der Einerleiheit des Seins und Bewußtseins ausgegangen war. Im ersteren Falle war sie von ihrem logischen Ausgangspunkte aus gar nicht zur erfahrungsmäßigen Wirklichkeit, sondern nur zu einer idealen Wirklichkeit (Ideenwelt) gelangt, im Gegensatze zu welcher sie genötigt gewesen war, der sinnlichen Welt die wahre Wirklichkeit abzusprechen und die Erfahrungswirklichkeit für bloßen Schein und Traum zu erklären (Plato, Plotin, Schelling, Hegel). Im letzteren Falle hatte sie das Sein zum bloßen Bewußt-Sein oder Vorstellungs-Sein verflüchtigt und die gesamte Wirklichkeit unter Ausschluß aller Metaphysik auf den bewußtseinsmäßigen Inhalt der Erfahrung einschränken müssen (Hume, Kant). Hartmann stellt sich auf den Boden der Erfahrungswirklichkeit, um durch Rückschluß aus deren Beschaffenheit ihr metaphysisches Wesen in induktiver Weise festzustellen. Er verzichtet damit auch ausdrücklich auf apodiktische Gewißheit der Erkenntnis, um sich dafür mit bloßer Wahrscheinlichkeit zu begnügen. Jene gibt es nur in den formalen Wissenschaften der reinen Mathematik, Phoronomie und Logik. In den Realwissenschaften hingegen, die von der Wirklichkeit als solchen handeln, sind nur hypothetische Ergebnisse zu gewinnen. Damit sieht der Philosoph sich auch des Zwangs entledigt, das Sein mit dem Bewußtsein bezw. mit dem bloßen Denken gleichzusetzen. Ob Sein und Denken oder Bewußtsein dasselbe sind, kann gleichfalls nur induktiv, durch Ausgehen vom Bewußtsein und Untersuchung seiner Bedingungen ermittelt, aber nicht ohne weiteres gleichsam durch einen Machtspruch vorausgesetzt werden. Dabei braucht die Deduktion nicht gänzlich ausgeschlossen, sie kann nur nicht, wie von der rationalistischen, auf apodiktische Gewißheit erpichten Philosophie, für die einzige und allein wahre Methode der Philosophie angesehen werden. Die Philosophie kann sich keiner anderen Methode als die übrigen Wissenschaften bedienen, die gleichfalls von der Erfahrung ausgehen; und wenn sie denn schon darauf verzichten muß, spekulative Ergebnisse von apodiktischer Gewißheit zu gewinnen, so besteht doch für sie auch keinerlei grundsätzliche Notwendigkeit, bei der bloßen Erfahrung stehen zu bleiben und metaphysische Gedankengänge als „unwissenschaftlich" abzulehnen.

Was lehrt uns nun die erkenntnistheoretische Untersuchung über die Wirklichkeit unserer Bewußtseinswelt? Sie zeigt, daß diese unmöglich selbst ein Letztes und Ursprüngliches sein kann. Unsere Bewußtseinswelt baut sich aus Empfindungen auf. Diese aber sind bloße passive Zustände in uns und weisen auf eine Wirklichkeit hin, die sich jenseits unseres Bewußtseins befindet, auf ein Ding an sich, das wir genötigt sind, als die transzendente (bewußtseinsjenseitige) Ursache unserer Empfindungen anzusehen. Damit ist aber auch schon ausgesprochen, daß dem Ding an sich nicht bloß Realität, sondern auch Zeitlichkeit, Veränderlichkeit, Substantialität, Einheit, Vielheit und Notwendigkeit zugeschrieben werden muß. Und da nun die gleichzeitige Vielheit der Dinge an sich ein Prinzip der Individuation voraussetzt, welches macht, daß die gleichzeitigen Vielen doch nicht eins, sondern eben viele sind, daß sie „neben"einander existieren, und wir keine Veranlassung haben, eine andere Form dieses Neben zu erdichten, so dürfen wir den Dingen an sich auch die Räumlichkeit als ihre eigene Bestimmung zuschreiben. Im Gegensatze zum naiven Realismus, der das Sein mit dem Bewußt-Sein, und zum transzendentalen Idealismus, der das Bewußtsein mit dem Sein verwechselt, vertritt demnach Hartmann den Standpunkt eines von ihm sog. transzendentalen Realismus: Realismus, sofern er eine Wirklichkeit jenseits und unabhängig vom Bewußtsein annimmt, transzendental, sofern diese Wirklichkeit nur mittelbar, durch Beziehung unserer Vorstellungen auf ein Transzendentes zu erschließen ist.

Hiernach stimmen die Formen unseres Denkens oder die Kategorien mit denjenigen des Daseins überein. Diese Übereinstimmung zwischen unserem Denken und den realen Gegenständen, worauf sich das Denken richtet, ist die unerläßliche Bedingung, unter welcher allein von einer Erkenntnis der Wirklichkeit die Rede sein kann, und erklärt sich nur aus der Dieselbigkeit der Vernunft im Denken wie in der Wirklichkeit. Die Kategorien oder allgemeinsten Beziehungsformen, unter denen sich alle Gegenstände denken lassen, sind synthetische (ineinsfassende) Tätigkeiten unseres Verstandes, vermittelst deren er die von außen bewirkten Empfindungen miteinander verknüpft, sie aufeinander bezieht, damit Einheit und Zusammenhang in das Chaos der Empfindungswelt hinein- und die Bewußtseinswelt der Erfahrung zustande bringt. Als solche sind sie vorbewußt und unbewußt, „Intellektualfunktionen" von bestimmter Art oder „logische Determinationen", die eine bestimmte Beziehung setzen, dürfen demnach auch nicht, wie von seiten Kants, mit den Kategorialbegriffen oder ihren subjektiven Vertretern im Bewußtsein verwechselt werden. Denn diese sind nur durch bewußte Überlegung und Abstraktion aus der fertigen Erfahrung herausgeschält und also a posteriori. Die Kategorialfunktionen selbst hingegen sind apriorische, notwendige und wesenseigentümliche Äußerungsformen unseres Verstandes, deren Dasein und Beschaffenheit wir nur mittelbar erschließen können. Sie sind die Betätigungsweisen der unpersönlichen Vernunft in den Individuen, also ihrem Ursprunge nach überindividuell und können weder, wie der Naturalismus will, für allmählich erworben, noch für angeboren angesehen werden, da angeboren höchstens nur eine größere oder geringere Empfänglichkeit der Zentralorgane für die Aufnahme dieser die Empfindungen formierenden Tätigkeiten sein kann. So aber unterscheidet Hartmann Kategorien der Sinnlichkeit, und zwar einerseits solche des Empfindens [Qualität, Quantität, intensive und extensive (Zeitlichkeit)], andererseits der Anschauung (Räumlichkeit), und Kategorien des Denkens, die ihrerseits in die Urkategorie der Relation, die Kategorien des reflektierenden Denkens (des vergleichenden, trennenden und verbindenden sowie des messenden, schließenden und modalen Denkens) und solche des spekulativen Denkens (Kausalität, Finalität und Substantialität) zerfallen. Als die drei Gebiete aber, in denen die Kategorien eine Rolle spielen, bezeichnet er die subjektiv-ideale Sphäre: den unmittelbaren Bewußtseinsinhalt; die objektiv-reale Sphäre: die Natur; sowie die metaphysische Sphäre: das unbewußte Wesen beider, und untersucht in seiner Kategorienlehre, welche Geltung und Bedeutung den Kategorien in diesen verschiedenen Sphären zukommt. —

Bewußt-Sein ist Gefühls- oder Empfindungs-Sein, ein bloß zuständliches, abgeleitetes Sein, das passive Erzeugnis einer vorbewußten Seelentätigkeit, die zu jenem durch die Wirksamkeit der Dinge an sich von außen angereizt wird. Die Wirksamkeit bezeichnen wir als K r a f t. Es müssen mithin Kräfte sein, durch deren Einwirkung auf die an sich unbewußte Seele die Empfindungen in uns verursacht werden, und zwar müssen den vielen Dingen an sich ebenso viele verschiedene

Kräfte entsprechen. Die Natur oder das Reich der Dinge an sich, die Wirklichkeit im eigentlichen Sinne erweist sich demnach als Wirksamkeit, als Mannigfaltigkeit, genauer als ein System von Kräften; und die Gesamtheit dieser Kräfte, sofern ihre Äußerungen sich, nach rückwärts verlängert, in einem und demselben Punkte schneiden oder sofern sie Zentralkräfte sind, bezeichnen wir als Materie. Die Materie ist ein System von Zentralkräften (Kräften mit Potential), wohingegen der Stoff bei seiner rein empfindungsmäßigen Beschaffenheit bloß dem Bewußtsein angehört, nur eine ideelle, vorstellungsartige, aber keine reale Bedeutung hat. Hartmann huldigt demnach in der Naturphilosophie einem atomistischen Dynamismus, wie Leibniz und Schelling einen solchen angebahnt haben. Die Lokalisation und Individuation liegt im Gesetz, durch welches die Kraftäußerung bestimmt wird. Kraft und Gesetz stellen die beiden verschiedenen Seiten einer und derselben Tätigkeit dar, die nur begrifflich, in der Überlegung voneinander unterschieden werden können. Durch die Kraft wird das Dasein, durch das Gesetz das Sosein der Wirklichkeit oder Natur bestimmt. Die Gesamtheit der Weltgesetze erschöpft die Welt als Idee, den Weltgedanken. Die Gesamtheit der dynamischen Tätigkeiten oder Kraftäußerungen erhebt den Weltgedanken zur Tat und macht die Welt zu einer Tatsache. Dabei sind die Atomkräfte oder Dynamiden teils anziehender, teils abstoßender Natur. Jene bilden das wesentlichste Element des Körpers, diese dasjenige des Äthers. Dieser Dualismus ist jedoch kein solcher zweier verschiedener Prinzipien, sondern nur ein solcher der gesetzmäßigen Bestimmtheit der Kraft. Die Natur ist sonach die Naturgesetzlichkeit, verwirklicht durch ein dynamisches Moment, die Kraft, und angewandt auf die jeweilig gegebene Konstellation und Konfiguration der Elemente. Überall, wo Kraft ist, die gesetzmäßig auf andere Kräfte wirkt, da entsteht in dem Zusammenstoße dieser Kräfte ein Stück Natur, sei es, daß die

Kräfte sich im Gleichgewichte halten, sei es, daß sie aus einem Ungleichgewichte das Gleichgewicht wiederherzustellen suchen. Natur ist demnach nur als lebendige Schöpfertätigkeit, aber niemals als das tote Überbleibsel eines vergangenen Schöpfungsaktes wirklich.

Anziehende und abstoßende Zentralkräfte bilden die unorganische Natur, und ihre Gesetzlichkeit ist rein mechanisch. Aus der bloßen unorganischen Gesetzmäßigkeit aber ist das Leben und die Entwickelung nicht erklärbar. Der Anspruch des Darwinismus, die Entwickelung auf rein mechanischem Wege begreifen und zweckmäßige Ergebnisse aus reiner Ursächlichkeit ableiten zu können, ist unhaltbar. Die Auslese im Kampf ums Dasein ist zwar ein rein mechanisches Prinzip, leistet aber positiv nichts, sondern trägt nur zur Ausschaltung des Unzweckmäßigen und dadurch zur Erhaltung der bereits erreichten zweckmäßigen Bildungen bei. Die Variabilität und die Vererbung, die erst zusammen mit ihr die von Darwin sog. „natürliche Zuchtwahl" ausmachen, weisen auf einen bestimmt gerichteten und in bestimmte Grenzen eingeschlossenen Bildungstrieb hin, während die geschlechtliche Zuchtwahl einen Instinkt geschlechtlicher Auswahl nach unbewußten typischen Ideen bzw. ein auf Schönheit gerichtetes Abänderungsstreben voraussetzt, die Anpassung des Organismus aber an veränderte äußere Umstände eine teleologische Betätigung des Organismus darstellt und das Gesetz der Korrelation in der übereinstimmenden Abänderung verschiedener Teile des Organismus nur als ideelle Planmäßigkeit aller Veränderungen zu erachten ist, auf die auch die sprunghafte Umwandlung eines Typus in einen anderen durch Umgestaltung im Keimleben schließen läßt.

Die Lebensvorgänge folgen demnach anderen Gesetzen, als die unorganische Natur sie kennt. So können sie nicht ohne die Annahme besonderer, nur in den Organismen wirksamer Kräfte verstanden werden. Es müssen richtende, leitende, ordnende Oberkräfte, Vitalagenzien oder Dominanten, Kräfte nichtmaterieller oder nichtmateriierender, die objektiv-reale Erscheinung der Materie zustande bringender Art zu den mechanischen Kräften der unorganischen Materie hinzukommen und diese ihren höheren Zwecken dienstbar machen, wenn Leben und Erhaltung sowie Vervollkommnung der Lebewesen möglich sein soll.

Auch die organischen Kräfte gehören der Natur so gut wie die unorganischen Kräfte an. Es ist nur das unbewiesene Vorurteil der mechanistischen Naturbetrachtung, daß es bloß mechanisch wirkende Kräfte gäbe. Wohl stehen die nichtmateriierenden Kräfte der Organismen in einem gewissen Gegensatze zu den physikochemischen Kräften der unorganischen Materie, können demnach rein als solche auch keine Energie entfalten. Allein dieser Gegensatz betrifft nicht ihr Wesen als Kräfte, sondern nur die Art und Weise ihres Wirkens, ist also nur ein Gegensatz der Gesetzmäßigkeit, genau so wie der angeführte Gegensatz zwischen anziehenden und abstoßenden Kräften in der unorganischen Natur. Hartmann vertritt somit den Vitalismus im Gegensatze zum bloßen Mechanismus der Naturwissenschaft. Er lehrt, daß die Annahme von objektiven Zwecken in der Natur oder die Finalität eine ebenso unabweisliche Forderung einer zureichenden Naturerkenntnis bildet, wie die rein kausale Betrachtungsweise der exakten Naturwissenschaft. Finalität und Mechanismus widersprechen einander nicht, sondern fordern sich, vielmehr wechselseitig und bilden erst zusammen die gesamte Naturgesetzlichkeit. Es sind nur zwei verschiedene Seiten oder Betrachtungsweisen dieser einheitlichen Gesetzmäßigkeit, und das Prinzip, der allgemeine Zusammenhang, dessen bloß begrifflich herausgestellte und in Gedanken verselbständigte Momente sie darstellen, ist die logische Notwendigkeit.

Mit anderen Worten: das organische Geschehen ist genau

ebenso ursächlich bestimmt wie das unorganische, und dieses ist ebenso zweckmäßig wie jenes. Nur die Arbeitsteilung der Wissenschaften bringt es mit sich, daß die Naturwissenschaften sich vor allem die Erforschung der kausalen Beziehungen zum Ziel gesetzt haben. Die kausal-mechanische Betrachtungsweise für sich allein kann jedoch immer nur ein einseitiges und unvollkommenes Bild der Natur ergeben, und darum muß die Naturwissenschaft durch eine Naturphilosophie ergänzt und überhöht werden, in welcher auch die Finalität die ihr zukommende Berücksichtigung findet. —

Auf dem Gegeneinanderwirken ihrer Kräfte beruht die Wirklichkeit der Natur. Bei dieser Wirkung aufeinander wird jede Kraft durch die andere in ihrer Äußerungsweise gehemmt, gleichsam gestaut und auf sich selbst zurückgeworfen. Diese in der reellen Dimension gestaute Kraft- oder Bewegungsintensität kommt in der imaginären Dimension als Empfindungsintensität zum Bewußtsein. Wo Dasein, Natur oder Bewegung ist, da ist folglich auch Bewußtsein und umgekehrt. Selbst im niedrigsten Atom muß der Außenseite der Kraftäußerung die Innenseite einer bestimmten Empfindungsintensität entsprechen. Und wie auf der Seite der Natur die Energien der unorganischen Materie und ihre Umsätze durch nichtenergetische Kraftäußerungen so geleitet werden, daß Individuen höherer Ordnung, Organismen, entstehen und bestehen, so werden auf der Seite des Bewußtseins die Innenzustände der Individuen niederer Ordnung, die Gefühle der Atome, zu bestimmten sinnlichen Empfindungen, Anschauungen, Wahrnehmungen, Vorstellungen, Begriffen usw. der höheren Individuen vereinigt. Es sind in der Hauptsache dieselben immateriellen, überenergetischen, unbewußten Kräfte (Kategorien), die in der Natur, nach außen auf die Energien gerichtet, die physikochemischen Kräfte zu organischen Einheiten zusammenfassen und so die Lebenserscheinungen hervorrufen, und die im Geiste, nach innen auf die Gefühle und Empfindungen gerichtet, diese Urelemente des Bewußtseins zu höheren seelischen Gebilden verknüpfen, die dort den Weltlauf, hier das Verständnis des Weltlaufs bewirken und auf diese Weise das Leben als äußeres wie inneres zustande bringen. Hier antworten sie auf die materiellen Vorgänge der Natur durch Erzeugung der Empfindungen, dort reagieren sie auf die Gefühle, Empfindungen und Vorstellungen durch Bewegungsantriebe für den Körper. So stellen sie nach beiden Seiten hin die Vermittelung zwischen Dasein und Bewußtsein her, die der Spiritualismus sich vergeblich abmüht, durch eine unmittelbare Wirksamkeit des Bewußtseins (Lotze) oder durch den Widersinn des psychophysischen Parallelismus (Fechner) zu erklären[1]).

Das Problem der Vereinigung von Natur und Geist (Bewußtsein) hat hiermit seine Lösung gefunden. Bewußtsein und Materie stehen sich nicht dualistisch als zwei verschiedene Substanzen gegenüber, wie die theistische Philosophie dies seit Descartes behauptet hat, sondern sie sind eines und dasselbe, Formen der einen unbewußten Wirksamkeit, die Materie heißt in ihrer dynamischen Betätigung nach außen, Bewußtsein in ihrer Stauung und Gehemmtheit nach innen. Das ist der Standpunkt der sog. Identitätsphilosophie.

Aus ihm ergibt sich die Unmöglichkeit, die Seele mit dem Bewußtsein gleichzusetzen. Vielmehr heißt Seele nach Hartmann die Gesamtheit der in einem Individuum wirksamen unbewußten Geistestätigkeiten bzw. der organisierenden Kräfte, die zu ihm gehören. Die Seele ist daher auch nicht das Ich (Descartes), so wenig wie der Leib der Stoff ist. Wie dieser das subjektiv-ideale (bewußtseinsmäßige) Spiegelbild der außerbewußten Materie, so ist das Ich das subjektiv-ideale

---

[1]) S. über Lotze und Fechner meine „Geschichte der Philosophie im zweiten Drittel des 19. Jhds." (Sammlung Göschen).

Spiegelbild der unbewußten Seele im Bewußtsein, genauer derjenigen vorbewußten Tätigkeiten, die den Inhalt des jeweilig höchsten Zentralbewußtseins formieren. Da also die Seele keine für sich seiende Substanz, sondern nur eine Gruppe von auf den Organismus gerichteten unbewußten Tätigkeiten ist, so kann von einer persönlichen Unsterblichkeit der Seele nicht gesprochen werden.

Alles Bewußtsein löst sich in Empfindungen, alle Empfindungen lösen sich in Gefühle der Lust und Unlust auf. Diese aber stellen Zustände eines unbewußten Willens dar, der durch eine ebenso unbewußte Vorstellung bestimmt wird, mithin aus dem Inhalte des Bewußtseins auch nur mittelbar erschlossen, aber nicht, wie Schopenhauer meint, im Bewußtsein unmittelbar erfaßt werden kann. Wie aus dieser Annahme alle Vorgänge und Zustände des seelischen Lebens sich erklären lassen, wohingegen die reine Bewußtseinspsychologie mit ihrer Gleichsetzung von Seele und Bewußtsein ebenso scheitert wie die psychologische Physiologie mit ihrer Zurückführung aller seelischen Erscheinungen auf den Mechanismus der Gehirnprozesse, das bildet den Inhalt der Hartmannschen Psychologie des Unbewußten. Sie nimmt für sich den Ruhm in Anspruch, die allein vollständige, allumfassende Psychologie zu sein, indem sie von den bewußtseelischen Erscheinungen als Grundlage aller weiteren Erkenntnis ausgeht, sie ins Gebiet des relativ, d. h. für das Großhirnbewußtsein Unbewußten erweitert und sie sowohl als zentral bewußte wie als relativ unbewußte aus dem Zusammenwirken physiologischer Vorgänge mit unbewußt seelischen Tätigkeiten zu erklären sucht. „Die Erweiterung auf die relativ unbewußten seelischen Erscheinungen ermöglicht die Vollständigkeit des psychophysischen Parallelismus im Weltall, gibt den unterschwelligen seelischen Größenwerten den einzig verständlichen Sinn, liefert das Material für die vorbewußten seelischen Synthesen, die den verwickelten Bewußtseinsinhalt formieren, und sichert dem physiologischen Unbewußten auch dann eine mittelbare psychologische Bedeutung, wenn seine Erregungen unter der Schwelle des Zentralbewußtseins bleiben. Die physiologischen Dispositionen liefern die allein annehmbare Erklärung für Gewöhnung, Übung, Fertigkeit, Gedächtnis, Anlagen und Charakter. Die unbewußt seelische Tätigkeit endlich ist, als Wollen und Denken, die einzig mögliche seelische Tätigkeit neben und hinter den seelischen Erscheinungen und ihrer hervorgerufenen Veränderung: sie vollzieht die Synthesen, zu denen die relativ unbewußten seelischen Erscheinungen das Material liefern, erzeugt schöpferisch aus sich die logischen, ethischen und ästhetischen Normen, nach welchen sie diese Synthesen vollzieht, gräbt die physiologischen Dispositionen als ihren bleibenden Niederschlag ein und überschreitet schöpferisch die Leistung dieser selbstbereiteten teleologischen Hilfsvorrichtungen im Sinne ihrer Steigerung und Verfeinerung." —

Was bei dem Rückschlusse aus Bewußtseinsvorgängen als vorstellungsmäßig bestimmtes Wollen erscheint, ist dasselbe, was bei dem Rückschlusse aus Naturvorgängen als gesetzmäßig bestimmte Kraftäußerung sich darstellte. Kraft ist von außen betrachteter Wille, Wille von innen gesehene Kraft. Damit ist die gesamte Wirklichkeit in Wirksamkeiten oder Tätigkeiten aufgelöst, von denen jede sich gleichzeitig sowohl als Wollen wie als Vorstellen äußert. Und zwar bestimmt die Vorstellung oder Idee den Inhalt, das Was oder Wie, der Wille die Existenz oder das Daß der Wirklichkeit. Das *Etwas*, d. h. etwas Bestimmtes, ist die Folge der Vorstellung. Daß etwas *ist* und nicht nichts ist, daß der Inhalt der Vorstellung wirklich, d. h. wirksam ist und nicht bloß in der Vorstellungssphäre verharrt, ist die Folge des Willens. Nur sofern sie Vorstellung ist, ist die Wirklichkeit denkbar. Und nur sofern sie Wille ist, ist sie erfahrbar und empfindbar. Damit ist der Panlogismus oder die Allvernunftslehre **Hegels** ebenso überwunden wie der Panthelismus oder die Allwillenslehre **Schopenhauers**, und beide sind in einen höheren Standpunkt aufgehoben, den Hartmann als **Panpneumatismus**, d. h. als Lehre vom unbewußten Allgeist, bezeichnet.

Unmöglich nämlich kann die Vielheit selbständiger Willensäußerungen eine endgültige Bedeutung haben. Die Tätigkeit setzt ein Tätiges, die Funktion ein funktionierendes Subjekt als ihren Träger voraus, die vielen Tätigkeiten weisen auf einen gemeinsamen Grund ihrer Wirksamkeit zurück, in welchem sie einheitlich zusammenlaufen und in welchem auch die Einheit von Wille und Vorstellung ihre Erklärung findet. Dieser Urgrund aller Wirklichkeit ist die **absolute Substanz**, sofern er alles Wirkliche umfaßt, nichts außer sich hat und alle Wirklichkeit nur seinen Zustand oder Modus darstellt. Er ist das **absolute Subjekt**, sofern er der Träger der Wirksamkeit und alle Tätigkeit nur eine Äußerungsweise seines eigenen unmittelbaren Wesens bildet. Er ist das **Unbewußte**, weil alle seine Wirksamkeit als solche unbewußt, nicht im Sinne eines Unterbewußten, sondern Überbewußten und das Bewußtsein ihr gegenüber nur ein Zuständliches und Abgeleitetes, zu ihr Hinzugekommenes ist. Und er ist der **absolute Geist**, sofern seine Wirksamkeit geistig in der Einheit des Willens und des Vorstellens ist. Wille und Vorstellung bilden demnach die Attribute, Offenbarungs- oder Erscheinungsweisen der einen absoluten Substanz und stellen deren Essenz oder Wesen dar. Damit erhebt sich die Philosophie des Unbewußten zum **Monismus**, aber nicht zu einem naturalistischen (**Haeckel**), sondern zu einem **idealistischen**, auch nicht zu einem abstrakten Monismus, wie demjenigen der Inder, **Plotins**, **Spinozas**, **Fichtes**, **Schellings** und **Schopenhauers**, der von der Vielheit und Weltwirklichkeit zugunsten des Alleinen absieht, sondern zu einem **konkreten**,

d. h. zu einem solchen Monismus, der an der Wirklichkeit der Welt nicht weniger als an der Einheit ihres substantiellen Grundes festhält: die spekulative Synthese des dualistischen Theismus einerseits und des abstrakten Monismus andererseits.

Die Wirklichkeit beruht auf der Wirksamkeit und dem damit gegebenen Widerstreite unbewußter Tätigkeiten, von denen jede selbst wieder den Gegensatz der Vorstellung und des Willens, des Logischen und Alogischen an sich hat. Dieser Widerstreit kann ursprünglich nur als ein Widerspruch gegen die Natur des Absoluten selbst begriffen werden. Aber nur die Vernunft weiß von einem Widerspruch, und ihr ganzes Wesen erschöpft sich darin, den erkannten Widerspruch aufzuheben.

Dies stellt sich nun nach Hartmann so dar, daß der unvernünftige oder alogische Wille aus dem Zustande des bloßen Vermögens zu wollen in denjenigen des wirklichen Wollens überging und dadurch die Vernunft veranlaßte, den hiermit gesetzten Widerspruch gegen ihr eigenes Wesen zu verneinen. Der an sich bloß alogische Wille wurde durch seine Erhebung zum Wollen antilogisch, das Vernunftlose wurde zum Vernunftwidrigen. So trat die mit dem Willen vereinigte Vernunft auch ihrerseits in Tätigkeit, verurteilte von sich aus das antilogische Wollen als ein vernünftigerweise Nichtseinsollendes und sucht nun durch fortschreitende Entfaltung ihrer Vorstellungen das an sich leere Wollen mit einem solchen Inhalt zu erfüllen, daß es selbst zu einem vernünftigen Wollen und der Wille hierdurch dazu veranlaßt wird, seine Tätigkeit des Wollens einzustellen.

Die Vernunft ist außerstande, das Wollen unmittelbar und sozusagen mit einem Schlage aufzuheben. Denn da sie an sich willenlos ist, so fehlt ihr die Kraft, das Wollen reell zu bekämpfen, das nur wieder durch ein Wollen bekämpft werden kann. Die Vernunft muß folglich den Willen durch den Willen selbst bekämpfen. Ein anderes als das absolute Wollen aber steht ihr nicht zur Verfügung. So ist es gleichsam die „List der Idee" (Hegel), dem Willen einen Inhalt zu geben, der so in sich gespalten ist, daß die Teile des von ihm erfüllten Wollens einander vernichten, d. h. einen Inhalt, dessen einer Teil dasjenige verneint, was der andere bejaht. Daher das Dasein einer vielheitlich in sich gespaltenen, im beständigen Widerstreite ihrer Teile sich erhaltenden Erscheinungswelt; daher auch die Notwendigkeit des Bewußtseins neben dem unbewußten Dasein. Denn nur erst durch das Bewußtsein wird es möglich, daß der Zweck des Absoluten erkannt und ausdrücklich auch als solcher angestrebt wird; nur im Bewußtsein findet außerdem eine Loslösung der Vorstellung vom Willen, ein Sieg der Vernunft über die Unvernunft statt, worauf der Weltprozeß hinausläuft. Die Natur ist nur um des bewußten Geistes, der bewußte nur um des unbewußten willen da. Die Welt ist ein einziges großes Zwecksystem, ein ungeheurer Organismus von Mitteln und Zwecken. Der Endzweck des Weltprozesses aber ist die Zurückschleuderung des Wollens ins Nichtmehrwollen, die Aufhebung der Erscheinungswelt ins absolute Wesen. —

Dies führt uns auf die Frage nach dem Werte der Welt, wie sie den Gegenstand der Axiologie, der Weltwert- oder -wägungslehre, bildet.

Die Abschätzung des Weltwertes setzt einen Maßstab voraus, an welchem sie vorgenommen wird. Als solcher können nur diejenigen beiden Bestimmungen in Frage kommen, die das Wesen des Absoluten selbst ausmachen: die logische Vernunft und der alogische Wille. Die Wertschätzung am Maßstabe der Vernunft (Erkenntnis, Schönheit, Sittlichkeit, Erlösung, Entwickelung, Zweckmäßigkeit der Welt) ergibt einen evolutionistischen Optimismus. Die Wertschätzung am

Maßstabe des alogischen Willens (Nietzsche) bestimmt den Weltwert zwar als positiv, ist aber in sich widersinnig. Anders steht es mit der Wertschätzung am Maßstabe der Lust und Unlust, als der subjektiven Zustände des Willens: sie fällt negativ aus und ergibt somit einen eudämonologischen (auf Glückseligkeit bezüglichen) Pessimismus. Die Welt ist hiernach zwar die beste von allen möglichen, weil und sofern sie von der absoluten Vernunft gesetzt ist; aber sie ist schlechter als keine, weil in ihr zum Inhalte der Vernunft des Absoluten die Form des vorvernünftigen, unvernünftigen Willens hinzukommt. Diese Formel verbindet den Leibniz-Hegelschen Optimismus mit dem Pessimismus Schopenhauers. Auf die Grundfrage der Axiologie, ob das Sein der Welt oder ihr Nichtsein den Vorzug verdiene, muß die Antwort zugunsten des Nichtseins ausfallen. Dann kann aber auch der Endzweck der Welt nur ein negativer sein, und der Zweck des Bewußtseins kann nur sein, die Herbeiführung dieses negativen Endes anzustreben. Die Welt beginnt mit der Erhebung des Willens zum Wollen und der Zersplitterung des Wollens in eine Vielheit von Teiltätigkeiten vermittelst der absoluten Vernunft. Sie endet mit der Aufhebung des universellen Wollens durch die Gesamtvernunft der bewußten Geister. Der Abschluß des Weltprozesses ist als ein übernatürlicher Akt zu denken, zu welchem die Universalwillensverneinung den Anstoß gibt, und bei welchem das Weltwesen sich aus der bisherigen Willensoffenbarung zurückzieht, um mit der Erscheinungswelt auch deren Gesetze aufzuheben. —

Daraus ergibt sich sofort der leitende Gesichtspunkt für die Ethik. Nur ein Handeln, das frei ist von aller Beziehung auf die eigene Glückseligkeit, kann sittlich heißen. Ein solches aber ist psychologisch nur möglich, wenn Glückseligkeit überhaupt unerreichbar ist und somit auch kein Ziel des Handelns sein kann. Ist folglich die Selbstverleugnung die negative Bedingung der Sittlichkeit, so ist der Pessimismus, die Einsicht in die Torheit und Unerfüllbarkeit des Strebens nach Glückseligkeit, das wirksamste Gegengift gegen die Ichsucht und folglich der dauerhafteste und tragfähigste Unterbau einer jeden positiven Ethik.

Auf der Stufenleiter der sittlichen Werte steht zu unterst der Individualeudämonismus, die egoistische Pseudomoral. Eine sehr brauchbare und wertvolle Vorbereitung des Menschen für das Wirken echter Moralprinzipien, ist sie doch außerstande, von sich aus eine wirkliche Moral zu begründen, auch dann, wenn sie das Glück, statt in diesem Leben, in einem jenseitigen Leben nach dem Tode sucht. Aber auch die heteronome oder fremdgesetzliche Moral, die durch die Unterwerfung des eigenen Willens unter die Autorität eines fremden Willens ein dauerhaftes Moralprinzip zu gewinnen sucht, ergibt keine wahre Sittlichkeit. Eine solche ist nur auf dem Boden der Autonomie, der Selbstgesetzgebung, möglich und entfaltet sich durch die Stufen der Geschmacksmoral und Gefühlsmoral zu ihrer vollkommenen Wirklichkeit erst als Vernunftmoral, wenn die dem Menschen innewohnende allgemeine Vernunft als der autonome sittliche Gesetzgeber anerkannt wird. Die Quelle der Vernunftmoral aber ist der Zweck, und sittlich wertvoll ist ein Zweck nur dadurch, daß er Mittel ist zum absoluten Zwecke. Darum handelt es sich für die Sittlichkeit in positivem Sinne nur darum, die Zwecke des Unbewußten zu Zwecken des Bewußtseins zu machen.

Als nächster objektiver Zweck stellt sich dem sittlichen Bewußtsein das Gesamtwohl dar, wie dies seinen Ausdruck im Sozialeudämonismus findet. Sein Ziel ist das größtmögliche Glück der größtmöglichen Zahl (Bentham)[1]), seine letzte Folgerung die Sozialdemokratie. Wie Hartmann über diese denkt,

[1]) Vgl. über ihn meine „Geschichte der Phil. im zweiten Drittel des 19. Jhds.“.

hat er vor allem in seinen „Sozialen Kernfragen" (1894, zweite Auflage 1906) dargelegt. Er hält ihre Zukunftspläne für eudämonistische Wahngebilde, ihre Art, diese Pläne zu verwirklichen, für kulturgefährlich. Dem Moralprinzip des Gesamtwohls, als dem Ausdruck des glückshungrigen blinden Willens, stellt er aus dem Gesichtspunkte der objektiven Vernunft dasjenige der Kulturentwicklung entgegen und zeigt, daß zwischen beiden ein Widerstreit besteht, der eine Zurückführung des einen auf das andere ausschließt. Im Prinzip der sittlichen Weltordnung findet dieser Widerstreit seine Versöhnung und zugleich die Möglichkeit des Bösen ihre sittliche und teleologische Rechtfertigung, wohingegen der Widerspruch des Individuums gegen die sittliche Weltordnung nur durch Rückgang auf den Urgrund der Sittlichkeit zu heben ist.

Dieser Urgrund kann weder theistisch noch materialistisch, sondern nur pantheistisch im Sinne des konkreten Monismus gedacht werden. In der Wesensidentität der Individuen, in dem Glauben an die metaphysische Einheit alles Daseienden ist der feste Grund und Leitstern für die sittliche Betätigung gegeben. Allerdings nur unter der Bedingung, daß das absolute Wesen, das mein eigenes Wesen ist, sich in der Setzung und Verwirklichung eines absoluten Zwecks betätigt, also vernünftig und nicht unvernünftig ist, wie bei Schopenhauer. Ein solcher absoluter Zweck aber ist die Zurückführung des vernunftwidrigen Wollens in den Zustand des bloßen Vermögens, und dieser wird zum sittlichen Zweck, indem er sich für das menschliche Bewußtsein als Erlösung Gottes von der Unseligkeit des Wollens darstellt. „Das reale Dasein ist die Inkarnation der Gottheit, die Weltgeschichte die Passionsgeschichte des fleischgewordenen Gottes und zugleich der Weg zur Erlösung des im Fleische Gekreuzigten; die Sittlichkeit aber ist die Mitarbeit an der Abkürzung dieses Leidens- und Erlösungsweges." —

Mit diesen Worten mündet die Hartmannsche Ethik in die Religionsphilosophie. Als Religionsphilosoph ist Hartmann der unerbittlichste Gegner des Christentums in allen seinen verschiedenen Formen. Er bekämpft die Moral Jesu wegen ihrer Begründung alles sittlichen Handelns durch die Aussicht auf Lohn und Strafe im Jenseits. Er zersetzt die dogmatische Metaphysik und Erlösungslehre des Christentums wegen ihrer unmöglichen Voraussetzungen, die Annahme eines persönlichen Gottes, den Unsterblichkeitsglauben, den christlichen Freiheitsbegriff, die fremdgesetzliche Moral der Kirchen usw., und wendet sich vor allem gegen den liberalen Protestantismus mit seinem Bestreben, die ganze christliche Religion auf die Verehrung des bloßen Menschen, des sog. historischen Jesus, zu beschränken (vgl. „Die Selbstzersetzung des Christentums", 1874; „Die Krisis des Christentums in der modernen Theologie", 1880, zweite Auflage 1888; „Das Christentum des N.T.", 1905). Aber neben dieser negativen Kritik geht bei ihm die Arbeit am Aufbau der Grundzüge einer neuen Religion von konkretmonistischer Beschaffenheit nebenher, wie er sie in seinem Werke über „Das religiöse Bewußtsein der Menschheit" aus der Betrachtung der bisherigen Religionen als das notwendige Ergebnis vor allem der indischen und palästinensischen Religionsentwicklung geschichtlich abzuleiten, in der „Religion des Geistes" psychologisch, metaphysisch und ethisch zu begründen versucht hat. Ihre Grundgedanken sind der alleine unbewußte (überbewußte!) und unpersönliche Gott mit seinen beiden Äußerungsformen der Allmacht und Allweisheit, als welche hier der alogische Wille und die logische Idee zutage treten; ferner die unbewußte Wesenseinerleiheit des Menschen und Gottes, die im Menschen zum Bewußtsein kommt und für diesen zur Veranlassung wird, sich selbstlos an die göttlichen Willensziele hinzugeben; und endlich die Auffassung des Weltprozesses als Erlösungsprozesses, wodurch sowohl der

Mensch wie Gott von den Schranken der Endlichkeit befreit wird. —

Seine Ästhetik gründet Hartmann auf den Schillerschen Begriff des ästhetischen Scheins. Er geht davon aus, daß das Schöne nicht in der Wirklichkeit als solcher zu finden ist, sondern ausschließlich an deren subjektiv-idealer Erscheinung, am Bewußt-Sein mit seinen Empfindungsunterschieden von Licht und Farbe, Ton und Klang haftet. Das Schöne ist das „sinnliche Scheinen der Idee" (Hegel), das darauf verzichtet, irgend etwas zu sein, und folglich auch auf Wahrheit im realistischen Sinne, auf Übereinstimmung des Bewußtseinsinhalts mit der Wirklichkeit keinen Anspruch macht. So bekämpft Hartmann auch den ästhetischen Realismus zugunsten eines konkreten Idealismus, der die Idee nicht als inhaltsleeren Begriff, wie Plato und Schelling, sondern als eine durch und durch in sich bestimmte Anschauung auffaßt. Auch das Schöne ist sonach nur eine besondere Erscheinungsform des unbewußt Logischen im Weltall. Dieselbe unbewußte Genialität, die sich im Naturschönen in ihrer uneingeschränkten Absolutheit auswirkt, erscheint im Künstlergeist gebrochen durch die Beschränktheit seiner Einzelpersönlichkeit. Auf dem mittelbaren Erfassen der dem Sinnenscheine innewohnenden und ihn bestimmenden Idee vermittelst der „Scheingefühle" beruht die Erschaffung sowie der Genuß des Schönen. Das Schöne wird als eine der Offenbarungsweisen des unbewußten an den bewußten Geist empfunden, und hierin liegt der letzte Grund des ästhetischen Wohlgefallens. Das Subjekt fühlt sich zum ästhetischen Scheine „hingerissen", es fließt mit dem Objekt in eines zusammen und vollzieht in diesem Akte seine, wennschon illusorische, Wiedervereinigung mit dem absoluten Geiste, von dem es selbst eine reale Offenbarung darstellt. Damit gewinnt die Sehnsucht nach Erlösung vom endlichen Dasein im Schönen ihre (vorläufige) Befriedigung, wie dies besonders in der „Modifikation" des Tragischen zum Ausdruck gelangt. „Was die Wissenschaft als abstrakt-begriffliche Lehre dem Verstande darbietet, was das mystische religiöse Gefühl im Aufschwung der Andacht, in der Versenkung in die Tiefen der eigenen Brust als dunkle, unbestimmte Wirklichkeit erringt, das stellt die Hingabe an den Zauber der Schönheit in seliger Klarheit vor die entzückten Sinne — aber freilich nur als ästhetische Illusion." —

Der anfängliche große Erfolg der „Philosophie des Unbewußten" ist dem Denker auf die Dauer nicht treu geblieben. Seine Philosophie hat eine tiefere Wirkung auf die Folgezeit nicht ausgeübt. Er gehörte nicht zur Zunft, und seine polemische Stellung gegen den Zeitgeist in erkenntnistheoretischer, religiöser und naturphilosophischer Beziehung, vor allem aber sein Festhalten an der Metaphysik in einer Zeit, die von dieser aus Mangel an eigener spekulativer Kraft und Verzweiflung an der bisherigen Philosophie nichts wissen wollte, hat dazu geführt, daß er dauernd unbeachtet gelassen wurde, obschon seine Gedanken vielfach von anderen aufgenommen und von ihnen unter verändertem Namen weitergegeben wurden. In Fachkreisen hat er die verdiente Würdigung auch heute noch nicht gefunden. Das ist um so bedauerlicher, als hierdurch vor allem der deutschen Jugend die Bekanntschaft mit einem Denker vorenthalten worden ist, der ihr, wie kein anderer, als Führer und Leitstern in einer geistig verworrenen Zeitspanne hätte dienen und sie vor dem kritiklosen Versinken in Materialismus und Nietzschetum hätte bewahren können.

Dabei ist Hartmann zweifellos einer der größten Denker, den die germanische Rasse überhaupt hervorgebracht hat. Seine „Kategorienlehre" ist das tiefsinnigste und schwerstwiegende Werk der gesamten deutschen Philosophie neben Kants Vernunftkritik und Hegels Logik. Mit ihm ist der letzte große Idealist aus dem Geschlechte der Fichte, Schelling und Hegel dahingegangen, kein bloßer „Epigone", wie die Mißgunst ihm feindlicher Denkrichtungen glauben machen möchte, sondern ein ihnen durchaus ebenbürtiger Geist, ein Philosoph, der an spekulativem Genie, an Kraft der wissenschaftlichen Synthese, an Kühnheit und Großartigkeit der Ideen von keinem von ihnen übertroffen wird, an Klarheit des Denkens, an der Kunst der Gliederung und Zergliederung der Gedanken, an Schärfe der Begriffsbestimmung und eindringlicher Kraft der Darstellung aber sie alle überragt, und dessen Bedeutung damit vielleicht am besten gekennzeichnet ist, wenn man ihm eine ähnliche Stellung innerhalb der Gesamtentwickelung des philosophischen Denkens zuschreibt, wie Plotin sie am Ausgang des Altertumes einnahm[1]).

Anhänger Schopenhauers und Hartmanns.

Die „Philosophie des Unbewußten" entfachte in den ersten Jahren ihres Erscheinens einen lebhaften Meinungsaustausch besonders auch über die Frage des Pessimismus. Unter denjenigen, die außer Hartmann selbst in diesen Streit eingriffen, sind vor allem A(gnes) Taubert, die erste Frau Hartmanns, mit ihrer Schrift „Der Pessimismus und seine Gegner" (1873) sowie Olga Plümacher als Verfasserin von „Der Kampf ums Unbewußte" (1881, zweite Auflage 1890) und „Der Pessimismus in Vergangenheit und Gegenwart" (1884, zweite Ausgabe 1888) zu nennen. Einen starken Eindruck machte Hartmanns Werk auch auf die Anhänger Schopenhauers, der sich damals einer wachsenden Beliebtheit erfreute, und rief eine Anzahl von Denkern in die Schranken, die, auf dem Boden Schopenhauers stehend, gleichfalls eine Umbildung und Weiterbildung von dessen Philosophie erstrebten und sich

[1]) Siehe mein Werk: „Plotin und der Untergang der antiken Weltanschauung", 1906.

dabei in wichtigen Punkten der „Philosophie des Unbewußten" näherten.

Hier ist besonders Julius Frauenstädt (1813—1879), einer der frühesten und treuesten Jünger Schopenhauers, zu erwähnen. Er hatte bereits 1854 durch seine „Briefe über die Schopenhauersche Philosophie" sich um die Verbreitung der Lehren seines Meisters verdient gemacht. 1876 veröffentlichte er „Neue Briefe über die Schopenhauersche Philosophie", worin er ganz im Sinne Hartmanns deren subjektiv-idealistische Erkenntnistheorie durch eine realistische zu ersetzen und den abstrakten Monismus Schopenhauers durch Anerkennung einer objektiv-realen Sphäre der Individuation in einen konkreten Monismus überzuführen suchte. Im übrigen sind seine Änderungen, die er am System des Meisters vornimmt, mehr Abschwächungen und Verflachungen von dessen Ansichten als Verbesserungen, wie er denn auch den Pessimismus ablehnt und den Widerspruch, der zwischen Schopenhauers Allwillenslehre und seinem objektiven Idealismus sowie zwischen diesem und seinem Materialismus besteht, überhaupt nicht zu bemerken scheint. (Vgl. über ihn v. Hartmann: „Neukantianismus, Schopenhauerianismus und Hegelianismus in ihrer Stellung zu den philosophischen Aufgaben der Gegenwart", 1877, zweite Auflage 1910.) —

Viel enger als Frauenstädt schließt Philipp Mainländer (Phil. Batz, 1841—1876) sich an Schopenhauer an, indem er dessen Lehren sogar noch zu überbieten sucht. Nach ihm war im Anfang aller Dinge Gott. Dieser wünschte, nicht zu sein. Daher ging er in Stücke, und die Stücke dieses einstigen Gottes bilden die Individuen, die zusammen die Welt ausmachen, und von denen jedes gleichfalls nach Vernichtung strebt. In dem gegenseitigen Kampfe dieser Individuen miteinander, wobei sie ihre Kraft gegenseitig aneinander abschwächen, besteht der Weltprozeß. Sein Ziel ist das völlige Erlöschen aller

Kraft bis zur gänzlichen Vernichtung der Welt; und hierauf hinzuwirken, durch geschlechtliche Enthaltsamkeit und Skopzentum, ja, womöglich auch durch den Selbstmord das Nichtsein Gottes herbeizuführen, darin besteht die sittliche Aufgabe des Menschen. Mainländer hat diese Ansichten in seiner „Philosophie der Erlösung" (1876, zweite Auflage 1894) dargelegt, und daß es ihm hiermit vollkommener Ernst war, dadurch bewiesen, daß er sich freiwillig selbst das Leben genommen hat. —

Ein höchst eigenartiger, aber wunderlicher und bei seiner vertrackten Schreibweise schwer genießbarer Denker ist Julius Bahnsen, Lehrer in Lauenburg in Pommern, (1832—1882). Auch er faßt die Schopenhauersche Willenslehre wesentlich im individualistischen Sinne auf und ersetzt den subjektiven Idealismus des Meisters durch einen transzendentalen Realismus. Dabei verbindet er die Schopenhauersche Willensmetaphysik mit der Hegelschen Widerspruchsdialektik zu einer von ihm sog. Realdialektik, nach welcher die Selbstentzweiung und Selbstzerfleischung des Willens auf jedem ihrer einzelnen Punkte das Wesen der Weltwirklichkeit ausmacht. Hiermit ist die Möglichkeit einer Erlösung von der Qual des Wollens ebenso ausgeschlossen wie die Möglichkeit, die Welt vermittelst der logischen Formen zu erkennen. Das Leben ist eine Hölle ohne Ausweg, das Erkennen ein vergeblicher Kampf mit unauflöslichen Widersprüchen. Und da nach Bahnsen auch der objektive Idealismus Schopenhauers keine metaphysische Bedeutung haben soll, so ist hiermit der Pessimismus zum vollkommenen Miserabilismus überspannt, und die Verzweiflung an aller Wirklichkeit bildet für Bahnsen das letzte Wort seiner gesamten Weltanschauung. Sein Hauptwerk ist „Der Widerspruch im Wissen und Wesen der Welt, Prinzip und Einzelbewährung der Realdialektik" (1880—81; vgl. über ihn v. Hartmann in „Neukantianismus" usw. und

„Bahnsens Realdialektik“ in „Philosophische Fragen der Gegenwart“, 1885). —

Während Mainländer die Willensindividuen für vergänglich erklärt, Bahnsen hingegen ihnen ewige Dauer zuschreibt, ohne sich auf das Wie einer solchen näher einzulassen, bemüht sich Lazar Baron v. Hellenbach in seinen „Vorurteilen der Menschheit“ (1879—1880) und anderen Schriften, die Unzerstörbarkeit des Individualwillens im Tode durch die Annahme eines sog. Metaorganismus zu sichern, der sich hinter dem Zellenorganismus befinden soll, und den er mit der Seele gleichsetzt. Er huldigt somit einem „transzendentalen Individualismus“, der zugleich ein übersinnlicher Materialismus ist, und läßt die Seele sich in einer Reihe von Lebensläufen in immer neuen Zellenleibern wiederverkörpern, wobei die Erfahrungen der verschiedenen Lebensläufe in den Metaorganismen aufbewahrt, gehäuft und damit für die Individuen auf immer neuen Entwickelungsstufen bestimmend werden. Zur näheren Begründung dieses Standpunktes zieht Hellenbach vor allem auch den Spiritismus und die Annahme eines vierdimensionalen Raumes heran, innerhalb dessen sich der Metaorganismus befinden soll. Den Pessimismus läßt er nur für das dreidimensionale Leben gelten, wohingegen der Metaorganismus imstande sein soll, durch den Aufstieg zu höheren Stufen seiner Entwickelung, eine positive Glückseligkeit zu erlangen. Hieran mitzuarbeiten, soll die Aufgabe alles sittlichen Strebens bilden. Dabei ist nur leider übersehen, daß das Ich des Metaorganismus ein anderes ist als das Ich meines Zellenorganismus und folglich auch keine Nötigung für mich bestehen kann, das Wohl dieses meines unmittelbaren Ich zugunsten des mir fremden Ich meines Metaorganismus zu opfern. „Der ganze übersinnliche Materialismus entspringt aus dem egoistischen Verlangen, das Leben des eigenen Ich über den Tod hinaus gesichert zu wissen. Die Durchführung des übersinnlichen Materialismus zeigt aber, daß der Egoismus dabei doch um das Ziel seiner Sehnsucht geprellt wird, denn statt seines Ich ist es ein anderes, das fortlebt. Ohne Leib kein bewußtes Geistesleben, mit anderem Leibe eine andere Persönlichkeit; über diese Alternative ist nicht hinauszukommen. Da ihre beiden Seiten für die Hoffnung einer persönlichen Unsterblichkeit gleich tödlich sind, muß diese Hoffnung, soweit sie egoistischer Natur ist, wohl überhaupt begraben werden." (v. Hartmann in „Geschichte der Metaphysik" II, 562.) —

Wie Hellenbach sich zur Begründung seines transzendentalen Individualismus auf den Spiritismus stützt, so Karl du Prel (1839—1899) in seiner „Philosophie der Mystik" (1884—1885), dem „Monistischen Seelenleben" (1888) und dem „Rätsel des Menschen" (1892) auf den Somnambulismus. Dabei verwechselt er jedoch das sog. Unterbewußtsein niederer Gehirnteile, wie es sich im Somnambulismus äußert, mit einem zellenfreien Überbewußtsein des Metaorganismus oder „Astralleibes" und glaubt sich hierdurch dazu berechtigt, den Menschen ein „Amphibium höherer Art, monistisch als Subjekt, dualistisch als Person" zu nennen. Sein Monismus beruht jedoch nur auf der naiven Gleichsetzung der Seele mit einem übersinnlichen Stoff sowie des Subjekts des individuellen Überbewußtseins mit demjenigen des normalen Hirnbewußtseins, ohne daß es ihm gelungen ist, diese Einerleiheit irgendwie nachzuweisen. Später hat sich auch du Prel, der, wie Hellenbach, von Schopenhauer herkam, von Hartmann mancherlei Anregungen erfahren und diesen im Kampfe gegen die Anmaßungen unzulänglicher Kritiker der „Philosophie des Unbewußten" verteidigt hat, immer entschiedener dem Spiritismus in die Arme geworfen. —

Eine individualistische Willensmetaphysik vertritt auch der Dichter Robert Hamerling (1830—1889) in seiner „Atomistik des Willens" (1891). Er ist transzendentaler Realist in bezug auf die Denkformen, aber transzendentaler Idealist in bezug auf die Anschauungsformen Raum und Zeit, obschon er im übrigen ein Gegner Kants und der Neukantianer mit ihrer Verflüchtigung des Seins zum bloßen Bewußt-Sein ist, und er bekämpft vor allem den Pessimismus Hartmanns vom Standpunkte des Lebensgefühls und einer schönheitsseligen ästhetischen Weltauffassung aus in einer Weise, die lebhaft an Plotin und dessen Verwerfung der pessimistischen Gnosis erinnert. —

In diesem Zusammenhange verdient auch der Kieler Professor der Philosophie Paul Deussen (1845—1919) erwähnt zu werden. Er hat, unbekümmert um die bei ihm vorhandenen argen Widersprüche, bis an sein Lebensende an Schopenhauer als dem „größten Denker neben Plato und Kant" festgehalten, dessen Philosophie durch den Fortschritt der Wissenschaften wohl im einzelnen verändert, im ganzen jedoch nicht überwunden werden könne. In seinen „Elementen der Metaphysik" (1877, fünfte Auflage 1913) unterscheidet er sich von seinem Meister wesentlich nur dadurch, daß er dessen Weltanschauung eine positive Wendung ins Christliche zu geben sucht, den Schopenhauerschen Willen, als Prinzip der Verneinung, mit Gott gleichsetzt (!) und diese Verneinung selbst als bloße Willensumkehr im religiösen Sinne versteht. Deussens Verdienste um die Philosophie liegen in seinen Veröffentlichungen aus dem Gebiete des indischen Denkens (Das System des Vedanta, 1883, zweite Auflage 1906 Sechzig Upanishad des Veda, 1897, zweite Auflage 1905; Vier philosophische Texte des Mahâbhâratam, 1906, usw.). Er hat auch eine „Allgemeine Geschichte der Philosophie" (1897—1913) verfaßt, worin er der indischen Philosophie einen breiten Raum angewiesen hat, und die in der Verherrlichung Schopenhauers gipfelt. Ein eigentlicher philosophischer Kopf ist er wohl nicht gewesen. Seine Art, alles nur durch die Brille der Kant-Schopenhauerschen Denkweise zu betrachten, wie diese ihm sich darstellte, muß sogar öfters mißtrauisch auch gegen seine Ausdeutung indischer Gedanken machen. Aber er war eine ursprüngliche Persönlichkeit, ein ehrlich ringender Denker und hat viele für eine tiefere philosophische Betrachtungsart gewonnen in einer Zeit, der eine solche vielfach zum Gegenstande des Spottes heruntergesunken war. —

Ein Denker, der Hartmann in vieler Beziehung nahesteht, ist der Afrikareisende Karl Peters (1856—1918). Er stimmt mit jenem in der realistischen Erkenntnistheorie, der Verbindung von Wille und Vorstellung sowie in der Annahme einer objektiven Weltzwecklichkeit überein, glaubt aber, das überbewußte Unbewußte Hartmanns als selbstbewußten Gott im Sinne des Theismus fassen zu müssen, und stellt ihm, als dem guten, seligen, in sich seienden, absolut tätigen Geist, den leeren Raum als ein böses, unseliges, unbewußtes, außer sich seiendes und absolut untätiges Etwas im Sinne eines an Plato erinnernden Dualismus gegenüber, indem er den Weltprozeß nach Art des Parsentums als den Kampf dieser beiden entgegengesetzten Prinzipien auffaßt, der mit dem Sieg des Guten in einem kosmischen Optimismus endet. —

Ein ausgesprochener Anhänger Hartmanns ist Arthur Drews (geb. 1865), Professor der Philosophie an der Technischen Hochschule in Karlsruhe. In „Die deutsche Spekulation seit Kant mit besonderer Rücksicht auf das Wesen des Absoluten und die Persönlichkeit Gottes" (1893) wird von ihm die philosophische Unhaltbarkeit der Annahme eines selbstbewußten persönlichen Gottes nachgewiesen. In „Kants Naturphilosophie als Grundlage eines Systems" (1894) unternimmt er es, den Naturphilosophen Kant an die Stelle des einseitig als Erkenntnistheoretiker aufgefaßten Kant zu setzen. „Das Ich als Grundproblem der Metaphysik" (1897) sucht, die Un haltbarkeit des kartesianischen Cogito ergo sum unter den verschiedensten Gesichtspunkten darzutun und daraus die Unmöglichkeit abzuleiten, dem Bewußtsein eine grundlegende Rolle in einer metaphysischen Weltanschauung zuzuschreiben. „E. v. Hartmanns phil. System im Grundriß" ist bereits erwähnt. „Nietzsches Philosophie" (1904) zeigt die Unmöglichkeit auf, vom Standpunkte der Realität des Ich aus zur Begründung der Kultur und zu einer haltbaren Weltanschauung zu gelangen. „Die Religion als Selbst-Bewußtsein Gottes" (1906) enthält eine Neubegründung des konkreten Monismus durch die Unterscheidung zwischen Ich und Selbst. „Plotin und der Untergang der antiken Weltanschauung" (1905) feiert in dem Begründer des Neuplatonismus den größten Metaphysiker des Altertums und ersten Vertreter der Philosophie des Unbewußten, während „Die Christusmythe I und II" (1910/1911) die Unhaltbarkeit der Annahme eines geschichtlichen Jesus nachweisen und damit zugleich die Notwendigkeit darlegen, die Lösung der bestehenden religiösen Krisis in einer ganz anderen Richtung als in der Rückkehr zur innerlich überwundenen christlichen Gedankenwelt zu suchen. —

Der einzige, der außer Hartmann im letzten Drittel des 19. Jahrhunderts ein philosophisches System von metaphysischer Färbung entwickelt hat, ist

Wilhelm Wundt.

Er ist 1832 in Neckarau bei Mannheim geboren, studierte Medizin, war Professor der Physiologie in Heidelberg, dann Professor der Philosophie in Zürich und wurde 1875 als solcher nach Leipzig berufen, wo er das erste Institut für experimentelle Psychologie gegründet und geleitet und eine große Zahl von Schülern herangebildet hat, die an zahlreichen deutschen und außerdeutschen Universitäten ähnliche Institute eingerichtet und die experimentelle Psychologie zur philosophischen Modewissenschaft erhoben haben. Er starb am 31. August 1920.

Wundt selbst hat jene Wissenschaft, mit welcher er an die physiologischen Arbeiten von Weber, Fechner und Helmholtz anknüpfte (vgl. meine „Geschichte der Philosophie im zweiten Drittel des 19. Jahrhunderts", 1913) und die auf eine exakte Vergleichung der Selbstbeobachtung mit deren äußeren Bedingungen abzielt, immer nur als eine Hilfswissenschaft der eigentlichen Psychologie angesehen. Sein Denken war frühzeitig auf eine philosophische Durchdringung des gesamten wissenschaftlichen Denkens gerichtet, auf eine Metaphysik, deren Aufgabe er darin erblickte, daß sie die Ergebnisse der Einzelwissenschaften in ihrem systematischen Zusammenhange darlegt und zu einem widerspruchslosen System verknüpft. Hierzu steht es nicht im Gegensatze, daß er in seinen ersten Werken, so u. a. auch in seinen „Vorlesungen über die Menschen- und Tierseele" (1863/64) und den „Grundzügen der physiologischen Psychologie" (1874, sechste Auflage 1908), worin er die Ergebnisse der experimentell-psychologischen Forschung zum ersten Male einheitlich zusammengefaßt, sich fast ausschließlich mit rein naturwissenschaftlichen und psychologischen Fragen befaßt hat. Dann erschienen in den Jahren 1880 und 1883 die beiden Bände seiner „Logik" (dritte Auflage 1906—1908), 1886 gab er seine „Ethik, eine Untersuchung der Tatsachen und Gesetze des sittlichen Lebens" (dritte Auflage 1903) heraus und krönte seine bisherigen Arbeiten mit dem „System der Philosophie" (1889, dritte Auflage 1907), in welchem er außer der Erkenntnistheorie, Naturphilosophie und Psychologie auch eine eigene Metaphysik entwickelte. Wundt hat sehr viel geschrieben. Als sein Hauptwerk wird man wohl seine „Völkerpsychologie, eine Untersuchung der Entwicklungsgesetze von Sprache, Mythus und Sitte" anzusehen haben. Sie erschien in den Jahren 1900—1908 (dritte Auflage 1910 ff.).

Auch Wundts ganze Philosophie baut sich, ebenso wie diejenige v. **Hartmanns**, auf dem Boden der Erfahrung auf, nur daß er trotz des induktiven Charakters seiner Methode der apodiktischen Gewißheit eine viel größere Bedeutung zuschreibt als der Philosoph des Unbewußten. Dabei ist seine ganze Philosophie mit Einschluß seiner Psychologie wesentlich von naturwissenschaftlichen Gesichtspunkten beherrscht, und die Psychologie gilt ihm wieder als die Grundlage der Geisteswissenschaften, so zwar, daß deren bestimmender Einfluß sich überall in der Behandlung ihrer verschiedenen Fragen bemerkbar macht.

Wundt unterscheidet zwischen äußerer und innerer Erfahrung. Die äußere Erfahrung umfaßt die sog. Außenwelt, die Welt der „realen Objekte" (Dinge an sich), die unabhängig vom erkennenden Subjekte existieren, und mit denen es die Naturwissenschaft zu tun hat. Sie kann von uns nur **mittelbar**, durch begriffliche Bearbeitung des gegebenen Erlebnisinhaltes erkannt werden und besitzt daher auch keine apodiktische Gewißheit. Nur **daß** es eine Welt von „realen Objekten" gibt, steht auf Grund der Tatsache unmittelbar fest, daß wir nach Wundt keine Veranlassung haben, an der Dieselbigkeit von Vorstellungsobjekt und „realem Objekt" zu zweifeln, wennschon die empfindungsmäßige Beschaffenheit dieser Objekte ebenso bloß dem Bewußtsein angehört, wie ihre räumliche und zeitliche Bestimmtheit. Wundt ist also naiver Realist in bezug auf das Daß der „realen Objekte" (die Vorstellungsgegenstände sind real nach Abzug ihrer empfindungsmäßigen und begrifflichen Zutaten); aber er ist transzendentaler Idealist in bezug auf ihr Was, insbesondere auf die Anschauungsformen Raum und Zeit, die er, ebenso wie **Kant**, für bloß subjektive Formen unseres Bewußtseins ansieht; und zugleich ist er transzendentaler Realist nicht nur insofern, als die realen Objekte unabhängig vom erkennenden Subjekte als Ursachen existieren und in dessen Bewußtsein bloß bildlicherweise abgespiegelt werden sollen, sondern auch, insofern die Denkformen ebensowohl eine subjektive Geltung fürs Bewußtsein wie objektive Geltung für die vom Bewußtsein unabhängigen „realen Objekte" haben sollen — eine erkenntnistheoretische Halbheit, deren widerspruchsvolle Beschaffenheit schon darin zum Vorschein kommt, daß Wundt von realen, d. h. vom Bewußtsein unabhängigen „Objekten" spricht, wo es doch ein Objekt nur innerhalb des Bewußtseins als Gegenpol zum Subjekt geben kann, und er in bezug auf die „realen Objekte" von einer äußeren „Erfahrung" redet, wo doch jene nur auf mittelbarem, begrifflichem Wege erkennbar sein sollen. —

Die begriffliche Erkenntnis der äußeren „Erfahrung" wird von Wundt auch Verstandeserkenntnis genannt. So wird sie der anschaulichen oder Wahrnehmungserkenntnis der inneren Erfahrung gegenübergestellt, die als solche eine unmittelbare Erfahrung sein soll. Ihr Inhalt bildet den Gegenstand der Psychologie. Dieser umfaßt die Gesamtheit unserer Gefühle, Empfindungen, Vorstellungen, Willenshandlungen usw., mit anderen Worten unserer seelischen Erlebnisse, und ihre Unmittelbarkeit ist der Grund dafür, daß den Ergebnissen der Psychologie nach Wundt eine höhere Gewißheit als denjenigen der Naturwissenschaft zukommt. Im Gegensatze zu den Objekten der Naturwissenschaft, die uns bloß als Erscheinungen gegeben sind, ist das Seelische das Wirkliche selbst. Und da uns nun die Selbstbeobachtung immer nur ein beständiges Kommen und Gehen seelischer Inhalte, von Gefühlen, Empfindungen, Vorstellungen usw., aber nirgends einen substantiellen Träger dieser seelischen Gebilde zeigt, so hat der Substanzbegriff nach Wundt in der Psychologie keine Berechtigung und ergibt sich hieraus für ihn eine „aktualistische" Auffassung des Seelenlebens. Die Seele ist nichts von den seelischen Vorgängen Verschiedenes. Sie erschöpft sich in den jeweils vorhandenen Prozessen. Sie ist selbst nichts anderes als der fortwährende Fluß des seelischen Geschehens. Dieses aber ist durchaus einheitlich; es kann in ihm nichts wiederkehren, und nur die gedankliche Zergliederung vermag von ihm gewisse Momente oder Teilinhalte herauszuheben, die aber nicht verselbständigt und als feste Größen angesehen werden dürfen.

Und noch etwas Weiteres ergibt sich aus diesem naiven Realismus in bezug auf die Selbstwahrnehmung oder der unmittelbaren Vereinerleiung von Seele und Bewußtsein, nämlich die Verwerfung jeder absolut unbewußten Geistestätigkeit im Sinne Hartmanns. Wundt läßt alles geistige Geschehen nur als bewußte geistige Wirksamkeit gelten, begründet dies jedoch durch Erwägungen, die schwerlich der Sache gerecht werden. Nur die Existenz eines relativ, in bezug auf das Großhirnbewußtsein Unbewußten erkennt er an, indessen lediglich vom metaphysischen Standpunkt aus, ohne als Psychologe von diesem Unbewußten irgendwelchen Gebrauch zu machen. So gelangt er dazu, die „transzendentale Apperzeption", d. h. die Tätigkeit der Seele, vermittelst welcher deren einzelne Inhalte aufeinander bezogen, zu höheren Einheiten miteinander verknüpft und zu Gegenständen der Aufmerksamkeit werden, gleichfalls für eine bewußte auszugeben, ihr im Stirnhirn ein materielles Organ anzuweisen und sie damit auf eine Stufe mit den übrigen an das Gehirn gebundenen Bewußtseinsinhalten zu stellen, obschon sie über diese doch beherrschend übergreifen und sie ihren höheren Zwecken dienstbar machen soll; und die Apperzeptionspsychologie, auf die er abzielt, schlägt in die Assoziationspsychologie mit ihrer Annahme einer rein mechanischen Vergesellschaftung der passiven Bewußtseinsinhalte zurück, die er gerade zu überwinden trachtet.

Was nun diese ursprüngliche seelische Tätigkeit selbst betrifft, so setzt Wundt sie mit dem Wollen gleich, und zwar einem reinen, d. h. vorstellungslosen Wollen. Damit fällt er aber auf den Standpunkt Schopenhauers zurück, nach welchem wir das Wollen im Bewußtsein unmittelbar als solches selbst ergreifen. Zwar muß er einräumen, daß das Wollen, wie es sich in unserem Bewußtsein vorfindet, immer nur ein gefühls- oder vorstellungsmäßig bestimmtes Wollen, das „reine" Wollen mithin dem letzteren nur vorausgesetzt ist. Das hält ihn jedoch nicht davon ab, es trotzdem gleichfalls für einen „Bestandteil des Bewußtseins" anzusehen, weil ja sonst ein Rest hinter dem Bewußtsein übrigbliebe, Sein und Bewußtsein in der Selbstwahrnehmung nicht zusammenfielen und die Psychologie damit ihren erkenntnistheoretischen Vorzug vor der Naturwissenschaft einbüßen würde. –

Da entsteht die Frage, wie das reine, vorstellungslose Wollen, das als solches schlechthin unbestimmt und von anderen ununterscheidbar ist, zu seinen Vorstellungen gelangt und damit erst zum bestimmten, inhaltsvollen und wirkungskräftigen Wollen wird. Wundt glaubt dies aus der Wechselwirkung jenes Wollens mit anderen Willenstätigkeiten erklären zu können, aus dem Leiden, wie es das Wollen im Zusammentreffen mit seinesgleichen, und zwar in der Form des Gefühls oder der Empfindung, erfährt, sowie aus der schöpferischen Tätigkeit, die durch dies Leiden in ihm angeregt wird. Sind doch unsere Wahrnehmungen und Vorstellungen als solche etwas ganz anderes und mehr als die Empfindungselemente, aus denen sie aufgebaut sind, Erzeugnisse einer „schöpferischen Synthesis", die sich dabei der Empfindungen als Materials für deren Erzeugung bedient. Damit verwickelt Wundt sich jedoch in den Zirkelschluß, daß er den Vorstellungsinhalt eines Willens aus seiner Wechselwirkung mit anderen individuell bestimmten Willenstätigkeiten, die individuelle Bestimmtheit dieser Willenstätigkeiten aber selbst wieder aus ihren Vorstellungen ableitet. Statt den individualisierenden Vorstellungsinhalt des Willens als einen absolut unbewußten aufzufassen, der im Zusammenprall der Willenseinheiten untereinander nur zum Bewußtsein kommt, läßt er ihn aus diesem Konflikte selbst erst erzeugt werden, ohne zu bemerken, daß das Wollen bereits vorstellungsmäßig bestimmt sein muß, um mit anderen seinesgleichen zusammenprallen und die Vorstellung erzeugen zu können, ein vorstellungsloses, „reines" und doch individuell bestimmtes Wollen mithin ein offenbarer Widerspruch in sich selbst ist.

Mit seiner Auffassung der Wirklichkeit als einer Vielheit individueller Willenstätigkeiten steht Wundt grundsätzlich auf dem Standpunkte der obenerwähnten Anhänger Schopenhauers. Und auch darin stimmt er Schopenhauer bei, daß er die Annahme einer Substanz auch für die Metaphysik verwirft, sie höchstens für die naturwissenschaftliche Betrachtung in Form der Materie oder vielmehr des Stoffes gelten läßt und damit dem Aktualitätsstandpunkte seiner Psychologie zugleich eine absolute Bedeutung zuschreibt. Die Willenseinheiten, auf deren Gegeneinanderwirken alle Wirklichkeit beruht, sind nicht tätige Substanzen, sondern substanzerzeugende Tätigkeiten. Auf ihrer untersten Stufe erscheinen sie als die Atome der unorganischen Natur. Aus ihnen ohne Hinzutritt irgendeines anderen Prinzips setzen sich alle höheren Individuen zusammen. Wundt nimmt demnach den Standpunkt eines pluralistischen Hylozoismus ein. Er lehnt in der Naturphilosophie den Vitalismus, die Annahme einer besonderen Lebenskraft, aber nicht die Annahme einer „objektiven" Naturzweckmäßigkeit ab, nur daß er diese nicht aus einer universellen übergreifenden Zweckmäßigkeit, sondern aus den individuellen Zwecksetzungen der die Natur begründenden Willenseinheiten zu verstehen sucht. Gegen den Darwinismus verhält auch er sich kritisch. Er leugnet entschieden die Möglichkeit, daß aus einer Häufung zufälliger kleinster Abänderungen der ganze Reichtum der organischen Welt hervorgegangen sein und die Entstehung und wunderbare Zweckmäßigkeit der Organismen erklärt werden könne. Er hält, wie v. Hartmann, das Prinzip der Auslese im Wettbewerb um die Bedingungen der Existenz und der Fortpflanzung nur für ein mehr oder weniger wirksames Hilfsmittel der Artentwicklung, aber nicht für deren letzte Ursache. Diese sucht er vielmehr einerseits mit Fechner darin, daß die bewußte Zwecktätigkeit der Individuen in ihnen Rückstände hinterlassen hätte und damit mechanisiert worden sei, andrerseits in dem, was er die „Heterogonie der Zwecke" nennt, nämlich in der Tatsache, daß die bewußte Zwecktätigkeit „regelmäßig" ihren Zweck überschreitet und unbeabsichtigte, final zufällige Nebenwirkungen im Gefolge hat, die alsdann vom Individuum zum Ausgangspunkte weiterer bewußter Zweckhandlungen gemacht werden. Daß hiermit das Problem nur verschoben, aber nicht gelöst ist, da nun die Frage entsteht, woher es denn kommt, daß die Nebenerfolge regelmäßig über die eigentliche Absicht hinausgehen, und hier das eigentliche Problem steckt, daß die „Heterogonie der Zwecke" auf eine unbewußte Zwecktätigkeit (Hegels und Hartmanns „List der Idee") hinweist und neben dieser die bewußte Zwecktätigkeit zur Bedeutungslosigkeit herabsinkt, das hat Wundt sich offenbar nicht völlig klargemacht. Aber auch die andere Schicksalsfrage einer jeden pluralistischen Metaphysik hat bei ihm keine Beantwortung gefunden, nämlich wie die individuellen Zwecksetzungen der vielen Willenseinheiten sich zur Einheit einer allumfassenden Teleologie aufheben, ja, wie pluralistisch gedachte Willenseinheiten nicht bloß überhaupt aufeinander wirken und die Einheit eines zusammengesetzten Organismus zustande bringen, dessen einzelne Bestandteile harmonisch ineinander greifen, sondern auch wie die vielen für sich selbständigen Bewußtseine jener Willenstätigkeiten zur Einheit eines Gesamtbewußtseins zusammenfließen können.

Die Schopenhauersche Beantwortung dieser Frage, nämlich durch eine monistische Auffassung der Wirklichkeit, lehnt Wundt als einen bloßen „geistreichen Einfall" ab, vermag sich jedoch auch seinerseits der Annahme eines Gesamtgeistes nicht zu entziehen, der nun freilich keine Existenz außerhalb der Einzelgeister haben, sondern nur aus diesen hervorgegangen sein soll. Der menschliche Geist ist der Gesamtgeist auf der Stufe der individuellen Persönlichkeit, bildet so aber selbst nur wieder die Unterlage und das Übergangsglied zu höheren Einheiten (Familie, Stamm, Nation usw.), die sich alle schließlich zum Gesamtgeiste der irdischen Menschheit und weiterhin zum Universalgeist als der allumfassenden Gemeinschaft des kosmischen Geisterreiches aufheben. Darin soll nach Wundt das letzte Endziel liegen, in welchem die verschiedenen Richtungen der geschichtlichen Entwickelung zusammenlaufen, das praktische Ideal für die Sittlichkeit, daß die gesamte irdische Menschheit sich zu einer völligen Kulturgemeinschaft zusammenschließt, in welcher alle widerstreitenden Triebe aufhören und die verschiedenen Anlagen der Einzelnen sich zu einer schönen Harmonie ergänzen. Auch Wundt also betrachtet, ebenso wie Hartmann, das Moralprinzip der Kulturentwickelung als das höhere gegenüber demjenigen des Glücks, sei es in individueller, sei es in sozialer Form, nur daß er das Endziel als ein positives, wennschon als ein solches auffaßt, an dessen praktischer Erreichbarkeit er selbst verzweifelt.

So sieht er sich im ethischen Interesse am Ende genötigt, auch noch über den Universalgeist im Sinne des kosmischen Geisterreiches hinauszugehen und einen absoluten Weltgrund anzunehmen, in welchem die sittlichen Ideale ihre Verankerung finden sollen, und erblickt darin einen moralischen Beweis für das Dasein Gottes, das sonst irgendwie aus Erfahrungsgründen abzuleiten, er in jedem Sinne für verfehlt erachtet. Natürlich muß der einheitliche absolute Weltgrund, mit dessen Annahme Wundt selbst doch schließlich beim Monismus endet, dem aus ihm folgenden Weltinhalt entsprechend gedacht werden; nur soll es ganz unmöglich sein, ihn irgendwie bestimmen zu wollen. Er ist nicht etwa eine real gültige Hypothese, sondern eine bloße realitätslose Idee, etwas ganz Imaginäres, das aber trotzdem denknotwendig sein soll (!). Damit endet Wundts Metaphysik im reinen Agnostizismus, der in religiöser Beziehung kaum etwas anderes als Atheismus bedeuten kann. Denn ein so gänzlich unbestimmbares, ja, realitätsloses Absolutes kann doch kaum Gegenstand eines religiösen Verhältnisses sein. —

Wundt ist unter den Philosophen des 19. Jahrhunderts der größte Polyhistor und Gelehrte. Seine Herkunft von der Naturwissenschaft und seine praktische Teilnahme an den Forschungen der Einzelwissenschaften hat ihm das Vertrauen auch solcher Kreise erworben, die der Philosophie sonst mißtrauisch gegenüberstanden, und eine Schätzung seiner Leistungen als Philosoph zur Folge gehabt, die nicht durchweg ihrem Wert entsprechen dürfte. Als Metaphysiker steht er an Tiefe, Schwung und Großartigkeit der Ideen doch wohl erheblich hinter einem E. v. Hartmann zurück. Seine vielfache Befangenheit in naturwissenschaftlichen Vorurteilen und eine instinktive Rücksichtnahme auf die Vertreter der Erfahrungswissenschaften, die gelegentlich wie eine ängstliche Beflissenheit, es ihnen recht zu machen, erscheinen könnte, hat zu Abschwächungen, Umbiegungen, Widersprüchen und Halbheiten geführt, die dem metaphysikfeindlichen Zeitgeist ebenso entgegenkamen, wie sie den Wert seiner Spekulation abschwächen; und selbst in seiner Psychologie macht sich an entscheidenden Punkten ein Mangel an Folgerichtigkeit und spekulativer Kraft bemerkbar. Dazu kommt ein etwas trockener, gelegentlich selbst gelehrtenhaft weitschweifiger, ausgeprägter stilistischer Eigenarten entbehrender Stil dieses Denkers, der vor allem dazu beigetragen hat, daß die Kenntnis seiner Weltanschauung auf die Fachkreise beschränkt geblieben ist. In seinem System fehlen die Religionsphilosophie sowie die Ästhetik, für welche beiden er nur ein psychologisches und kulturgeschichtliches Interesse hat. Dafür nimmt in ihm die Psychologie einen so unverhältnismäßig großen Raum ein, daß Wundt den meisten überhaupt nur als der führende Psychologe seiner Zeit bekannt ist. Als solcher wird er einen ersten Platz in der Entwickelungsgeschichte der Philosophie behalten. Auch er hat wesentlich mit dazu beigetragen, daß der philosophische Sinn in seiner Zeit erhalten blieb, wennschon seine Weltanschauung als solche kaum als Fortschritt über die individualistischen Schopenhauerianer hinaus angesehen werden kann und wegen ihrer allzuweit gehenden Zugeständnisse an den Naturalismus im ganzen doch wohl einen Rückfall hinter die Philosophie des Unbewußten darstellt. —

Als Schüler Wundts auf dem Gebiete der experimentellen Psychologie mögen Külpe, Meumann, Marbe und Störring hier Erwähnung finden. —

Ein Denker, der Wundt in vieler Hinsicht nahesteht, aber auch von Spinoza und Fechner entscheidende Eindrücke empfangen hat, ist

Friedrich Paulsen

(1846—1908), Professor der Philosophie in Berlin. Auch er erblickt im Willen den metaphysischen Kern der Erscheinungswelt, bekennt sich somit zum „Voluntarismus", ein Ausdruck, der von ihm geprägt ist. Auch er teilt die Aktualitätsauffassung des Weltwesens, sowie die Ablehnung des absolut Unbewußten und vertritt einen spiritualistischen Pantheismus (Bewußtseinsmonismus), gemäß welchem jeder materiellen Einheit auch eine Bewußtseinseinheit entspricht, Materie und Bewußtsein nur die beiden Seiten oder Erscheinungsformen eines und desselben Dritten, der Weltseele, bilden sollen, die Paulsen in der Einheit ihrer beiden Seiten auch als „Gott" bezeichnet. So bekennt er sich zur Fechnerschen Annahme einer Allbeseelung und zu einem universellen psychophysischen Parallelismus, bei welchem aber doch schließlich das Physische dem Psychischen untergeordnet, eine bloße Erscheinung des letzteren sein soll, und hat diesen Standpunkt allen nur zu berechtigten Einwänden gegenüber festzuhalten gesucht trotz der Schwierigkeiten, die sich daraus für die Weltbetrachtung im einzelnen ergeben. In erkenntnistheoretischer Beziehung nähert er sich Kant. Wie dieser schreibt auch er dem Raum und der Zeit nur eine subjektive Bedeutung, jedoch nicht als ursprünglichen Formen unseres Geistes zu, die diesem a priori zukommen, sondern im Sinne der Naturwissenschaft als solchen Formen, die von der Gattung erst allmählich entwickelt worden sind, wie er denn überhaupt geneigt ist, der Naturwissenschaft die weitestgehenden Zugeständnisse zu machen. Das zeigt vor allem auch seine „Einleitung in die Philosophie" (1892). Sie zeichnet sich zwar durch ihre lebendige, klare und faßliche Schreibart vor vielen anderen ähnlichen Werken aus und erfreut sich darum großer Beliebtheit (25. Auflage 1912), leidet jedoch an einer gewissen liebenswürdigen Oberflächlichkeit in der Behandlung der Probleme. Viel Anklang hat auch Paulsens „System der Ethik mit einem Umriß der Staats- und Gesellschaftslehre" (1889, zehnte Auflage 1913) gefunden. Sie vertritt, allerdings mit starkem eudämonistischen Einschlag, als höchstes ethisches Prinzip die volle Entwicklung und Betätigung der menschlichen Anlagen im Gegensatze zur Glückseligkeitsethik, hält sich von metaphysischen Gedankengängen fern und verdankt ihre Beliebtheit außer der gefälligen Darstellungsweise wohl vor allem der bestimmten Stellungnahme des Verfassers zu den Lebensfragen der Gegenwart. Im übrigen liegt Paulsens Hauptbedeutung auf dem Gebiete der Pädagogik und Schulreform. Seine „Geschichte des gelehrten Unterrichts auf den deutschen Schulen und Universitäten vom Ausgange des Mittelalters bis zur Gegenwart" (1885, zweite Auflage 1895) ist ein klassisches Werk auf diesem Gebiete und wird selbst dann in Geltung bleiben, wenn das Bild des Philosophen Paulsen dem Bewußtsein der Nachwelt längst entschwunden sein wird.

Der Naturalismus.

Die Wundtsche Philosophie steht mit ihrer engen Anlehnung an die naturwissenschaftliche Denkweise, ihrer Abweisung der absoluten Vernunft, ihrer Leugnung einer übergreifenden Naturzweckmäßigkeit und ihrem Agnostizismus in den letzten Fragen dem Naturalismus weit näher als dem spekulativen Idealismus der klassischen deutschen Philosophie. Sie kam damit dem herrschenden Zeitgeiste, wie er vor allem durch die Naturwissenschaft bestimmt war, viel mehr entgegen als die Philosophie des Unbewußten.

Weit entschiedener aber noch als durch Wundt wurde der Naturalismus vertreten durch

Eugen Dühring.

Karl Eugen Dühring wurde 1833 in Berlin als Sohn eines preußischen Geh. Expedierenden Sekretärs geboren und widmete sich, nachdem er in Berlin studiert hatte, dem praktischen Rechtsdienste. Infolge seiner Erblindung habilitierte er sich 1863 als Lehrer der Philosophie und später auch der Nationalökonomie an der Berliner Universität, jedoch ohne Aussicht, trotz seiner bedeutenden Lehrerfolge, eine ordentliche Anstellung zu erhalten. Erbittert hierüber, erging sich Dühring in wiederholten scharfen Angriffen auf das deutsche Universitätswesen im allgemeinen und das Berliner im besonderen und wurde hierfür 1877 durch Entziehung der Lehrerlaubnis gemaßregelt. Seitdem lebt er als freier Schriftsteller in Nowawes bei Berlin, ein unermüdlicher Kämpfer für seine philosophischen und sozialen Ideen, mit denen er eine Zeitlang einen gewissen Einfluß vor allem auch auf die deutsche akademische Jugend ausgeübt hat.

Dühring ist eine so leidenschaftliche Natur, seine Kampfesart gegen ihm nicht zusagende Standpunkte ist so maßlos heftig, seine Urteile über anders Denkende sind so ungerecht, giftig und gehässig, daß es feineren Naturen Überwindung kostet, seine Schriften trotz der Klarheit und Leichtverständlichkeit seiner Darstellung zu lesen. Er erinnert darin an Schopenhauer, mit dem er auch den moralischen Entrüstungspessimismus teilt. Gegen nichts hat er eine größere Abneigung als gegen die Metaphysik. Er kann sich nicht genug darin tun, ihr seine Verachtung auszudrücken. Sie ist ihm ein bloßes „Phantasiespiel", eine „transzendente Dichtung". Er spricht von den „haltungslosen und delirierenden Verworrenheiten" der metaphysischen Systeme, die nur im Stadium kindischer Gedankenlosigkeit, in fieberhaften Anwandlungen oder in den Rückbildungen der Greisenhaftigkeit begreiflich und nur in verkommenden Schichten der Gesellschaft heimisch sein, aber stets dem Gebiete des Unreifen, Pathologischen oder der Überreife angehören sollen. Und er hat mit solchen Auslassungen nicht wenig dazu beigetragen, das verneinende Urteil seiner Zeit über den Wert metaphysischer Gedankengänge festzulegen.

In seiner „Natürlichen Dialektik. Neue logische Grundlegungen der Wissenschaft und Philosophie" (1865) hat Dühring beachtenswerte erkenntnistheoretische Untersuchungen z. B. über das Prinzip der Identität, den Satz vom zureichenden Grunde, über Unendlichkeit, Stetigkeit usw. angestellt. In

„Der Wert des Lebens“ (1865, sechste Auflage 1902) hat er eine „Denkerbetrachtung im Sinne heroischer Lebensauffassung“ entwickelt und in seiner „Kritischen Geschichte der Philosophie von ihren Anfängen bis zur Gegenwart“ (1869, vierte Auflage 1894) die Aufeinanderfolge der philosophischen Weltanschauungen als eine Geschichte der Verirrungen des menschlichen Geistes behandelt. Sein philosophisches Hauptwerk aber ist der „Kursus der Philosophie als streng wissenschaftlicher Weltanschauung und Lebensgestaltung“ (1875), als „Wirklichkeitsphilosophie“ 1895 in völlig umgearbeiteter Gestalt erschienen mit dem Untertitel „Phantasmenfreie Naturergründung und gerecht freiheitliche Lebensordnung“.

Von einem so grimmigen Gegner der Metaphysik, wie Dühring, sollte man erwarten, daß er sich selbst aller spekulativen Gedankengänge enthielte. Das ist auch offenbar sein Bestreben. Seine ganze sog. „Wirklichkeitsphilosophie“ schließt sich eng an Feuerbach und Comte mit ihrem Positivismus an und zielt unter Ausschluß aller theologischen und metaphysischen Vorstellungen darauf ab, durch Umgestaltung der bisherigen Gesellschafts- und Wirtschaftsordnung im sozialistischen Sinne den Himmel auf Erden einzurichten. Er verwirft daher auch alle idealistische Erkenntnistheorie, besonders den Kantischen Kritizismus, und bekennt sich zu der Ansicht, daß die mannigfaltigen Wendungen und Gesichtspunkte, in denen sich die logischen Verknüpfungsformen des Verstandes bewegen, auch eine absolute Bedeutung für das Wirkliche besitzen. Das ideelle System ist auch die Schematik aller Realität. Denken und Sein decken sich vollständig im Sinne des naiven Realismus. Die Außenwelt existiert so, wie wir sie uns vorstellen, und die hieraus sich ergebende Systembeschaffenheit des Seins oder die „Weltschematik“ bildet die Grundvoraussetzung aller Wissenschaft und insbesondere auch der Philosophie.

Als Elementarbegriffe unserer Weltauffassung betrachtet Dühring die allumfassende Einzigkeit des Seins, ferner die

Veränderung seiner absolut beharrlichen Grundbestandteile sowie die Begrenztheit des Wirklichen. Dazu kommen alsdann noch die logischen Eigenschaften des Seins, wie sie ihren Ausdruck finden in der Identität, dem Ausschluß des logischen Widerspruches und der Kausalität.

Seinem naiven Realismus entsprechend, fällt das allumfassende Sein für Dühring mit dem materiellen oder stofflichen Sein zusammen, indem er auch das geistige Sein oder das Bewußtsein, das als solches zwar nicht stofflich ist, auf rein materielle Verhältnisse zurückführt. Die Natur ist sonach nichts anderes als der universelle Zusammenhang des Materiellen. Die Materie ist der Träger alles Wirklichen, die sich selbst gleiche Grundlage aller Veränderungen. Es gibt demnach auch keine mechanische Kraft, die außerhalb der Materie und der Beziehung materieller Teile gesucht werden könnte. Die mechanische Kraft ist ein Zustand, eine Äußerungsweise der Materie. Diese Materie, wie der Dynamismus will, aus bloßen Kräften zu konstruieren, erklärt Dühring für einen ideologischen Abweg. Wirklich sein heißt demnach stofflich sein. Nur indem man die Materie der vollen beharrenden Wirklichkeit gleichsetzt, kann man in ihr das absolute Sein und in diesem alles übrige erkennen. Hiernach kann auch die Beharrung ihren Ausdruck nur in dem ewig unveränderlichen Größenbestandteile der Materie, in der ewig sich selbst gleichen Größe des mechanischen Kraftvorrates und der Unveränderlichkeit der Atome, als der letzten einfachsten Elemente der Materie, finden. Außerdem rechnet aber Dühring zu den beharrenden Elementen der Wirklichkeit auch die Gattungseinheiten, die als schaffendes Prinzip den verschiedenen Gestaltungen bildend zugrunde liegen, und die ebensowohl an Schopenhauers Ideen wie an Czolbes[1] beharrende

[1] Vgl. über ihn meine „Geschichte der Phil. im zweiten Drittel des 19. Jhds".

Zweckformen erinnern, sowie die Verknüpfungsgesetze der Dinge, welche die Ursächlichkeit in Form einer Regel des Geschehens ausdrücken. Was aber endlich die Begrenztheit des Wirklichen anbetrifft, so gründet sie sich darauf, daß ihr Gegenteil den Widerspruch einer „vollendeten Unendlichkeit" bedeuten würde. Weder kann also die Zahl der Atome eine unbegrenzte sein („Gesetz der bestimmten Anzahl"), noch kann der Weltprozeß unendlich in dem Sinne sein, daß er niemals angefangen habe, während die Unendlichkeit nach vorwärts für Dühring keine Schwierigkeit einschließt. Alle Naturprozesse müssen einen Anfang gehabt haben, und alle Mannigfaltigkeiten der Natur müssen aus einem sich selbst gleichen Zustande der Materie hervorgegangen sein, den Dühring sich als Gleichgewichtszustand ihrer kleinsten Teile vorstellt.

Wie nun freilich dieser ruhende Zustand der Materie in einen solchen der Bewegung und Veränderung übergehen konnte, darauf kann Dühring keine Antwort geben, und es berührt bei der widerspruchsvollen Beschaffenheit der Problemstellung selbst recht eigenartig, wenn er die Lösung der Schwierigkeit von künftigen Fortschritten der Mechanik erhofft. Natürlich soll auch die Entwickelung nach Dühring sich rein mechanisch nach natürlichen Gesichtspunkten vollziehen, obschon er auch hier über deren Wie keine weitere Auskunft geben kann. Die Theorien des Darwinismus weist er als „leichtfertige Oberflächlichkeiten", ja, als „wissenschaftliche Mystifikationen" ab. Was er aber an deren Stelle setzt, die Komposition der einfachsten Gattungselemente auf Grund der beharrlichen Ideen, dürfte kaum irgendwie klarer als die von ihm verworfene Annahme einer Metamorphose sein. Es kommt hinzu, daß Dühring selbst den Begriff der Entwickelung ganz richtig auf denjenigen des Zwecks zurückführt: „Wenn wir von Niederem und Höherem reden, so kann dies für die

Entwickelungsstufen nur dann einen Sinn haben, wenn wir die Funktionen der Dinge nach ihren Leistungen für irgendeinen Zweck unterscheiden." Er wendet sich daher gegen den Skeptizismus, der den Zweckbegriff in der Natur glaubt ausmerzen zu können, bemerkt aber weder, daß er mit dieser Annahme von objektiven Naturzwecken seinem grundsätzlichen Materialismus ins Gesicht schlägt, noch daß jene Annahme ebenso metaphysisch und unvereinbar mit dem Standpunkte seiner „Wirklichkeitsphilosophie" ist, wie diejenige der beharrlichen Gattungseinheiten oder Platonischen Ideen und der Geltung der logischen Formen und Gesetze in einer rein stofflichen Wirklichkeit.

Und welches ist nun der Zweck des Weltprozesses? Er ist nach Dühring das Bewußtsein: „Das Universum kann nur darauf angelegt sein, schließlich überall und in reichster Fülle die Empfindung hervorzubringen. Die empfindenden Wesen müssen uns als Zweck jeder kosmischen Entwickelung gelten; denn eine durchgängig bewußtlose Welt wäre eine törichte Halbheit und sozusagen eine Schaubühne ohne Spieler und Zuschauer." Was einer rein materiellen und insofern unlogischen Wirklichkeit daran gelegen sein sollte, keine „törichten Halbheiten zu begehen", bleibt unverständlich; noch unverständlicher, wie die bloße stoffliche Mechanik ein Bewußtsein aus sich erzeugen kann. Dühring selbst gesteht auch, die Tatsache dieses elementaren Subjektivierungsvorganges nicht weiter erklären zu können, bleibt jedoch dabei, daß sie irgendwo und irgendwann sich einmal vollzogen haben müsse, und verwirft alle gegenteiligen Vorstellungen und Versuche, die Bewußtseinsentstehung, z. B. aus einer geistigen Wesenheit, zu erklären, als „Pöbelbegriffe und Gewohnheiten des Aberglaubens".

Mit solchen Annahmen glaubt nun also Dühring, sowohl allen „metaphysischen Quark" wie die bisherige Philosophie überhaupt überwunden zu haben. Ihm selbst liegt übrigens nichts an dem Namen eines Philosophen; will e doch vielmehr ein Reformator der Menschheit sein. Als solcher bekämpft er nicht bloß den Pessimismus und fordert er zu lebensfreudigem Vertrauen auf die Wirklichkeit und ihre Ordnung auf, indem er das Menschheitsglück als Ziel des Handelns und als höchsten Maßstab und Prüfstein für die Sittlichkeit hinstellt, sondern er verwirft auch jede Art von Religion als „Wiegenwahn", insbesondere das Christentum. Vor allem aber wendet er sich mit einem bis zum Fanatismus gesteigerten Hasse gegen das Judentum als Rasse sowohl wie als Religion, weil es die „Knechtsauffassung" des Menschen vertreten und an allen Übeln des menschlichen Zusammenlebens schuld sein soll. Der Titel seines Buches „Ersatz der Religion durch Vollkommeneres und Ausscheidung alles Judentums durch den modernen Völkergeist" (1883, dritte Auflage 1906) zeigt, worauf er mit seinen menschheitsbeglückenden Ideen abzielt. Hier weist er noch einmal den Darwinismus ab wegen seines moralwidrigen Charakters und versteigt er sich zu der an den Strauß des „Neuen Glaubens" erinnernden Behauptung, daß der Naturgrund der Dinge um der Begründung der Moral wegen selbst als ein moralischer angesehen werden müsse. So schreibt er der Materie in ihrem ursprünglichen Gleichgewichtszustande Leben, Verstand, Gemüt, den Zweck, das Gute sowie das Böse zu und läßt sie im Weltprozeß nicht nur eine allgemeine Fürsorge für das große Ganze, sondern auch für den einzelnen entfalten, wie sie in der individuellen Ausstattung eines jeden für die besonderen Lebensaufgaben erkennbar sein soll. Trotzdem will er den Weltgrund oder „das Gesamtwirkende" weder „Gott" noch „Geist" noch sonst mit einem Namen bezeichnet wissen, der auf etwas anderes als die bloße materielle Mechanik hinweist, und dies, obschon er jene durchgängige Systematik oder den logischen Charakter des Weltganzen für den letzten und höchsten Gegenstand aller Vertiefung in das Wesen der Welt erklärt, seine Pflege als den einzigen Kultus hinstellt, der im Denken und Wollen nach den abgestreiften Irrtümern der Völkerphantasien (Religionen) übrigbleibt, und die Aufgabe des Menschen dahin bestimmt, sich mit der allgemeinen Systematik ins Gleichgewicht zu setzen! —

In Dühring nimmt der Naturalismus eine praktische Wendung, indem er sich als wissenschaftlichen Ersatz für die Religion anbietet. In ähnlicher Weise, aber mit größerem Erfolge hat auch Haeckel versucht, eine Art „naturalistischer Religion" zu begründen.

Ernst Heinrich Haeckel

wurde 1834 zu Potsdam als Sohn eines preußischen Beamten geboren, studierte in Berlin und Würzburg Naturwissenschaften und Medizin und befaßte sich auf Grund mehrerer größerer Reisen besonders mit der Zoologie der niedersten Lebewesen. 1861 habilitierte er sich als Zoologe in Jena, war lange Jahre hindurch, von der einen Seite ebenso angefeindet wie von der anderen gefeiert, eine der ersten Zierden der Universität und starb im Jahre 1919. Seine philosophischen Hauptwerke sind die „Generelle Morphologie der Organismen, allgemeine Grundzüge der organischen Formwissenschaft, mechanisch begründet durch die von Ch. Darwin reformierte Deszendenztheorie", 1866; ferner die „Natürliche Schöpfungsgeschichte" (1868, 11. Auflage 1909); die „Anthropogonie" (1874 6. Auflage 1910); „Der Monismus als Band zwischen Religion und Wissenschaft, Glaubensbekenntnis eines Naturforschers" (1893, 15. Auflage 1911); „Die Welträtsel, gemeinverständliche Studien über monistische Philosophie" (1899, zehnte Auflage 1909); „Die Lebenswunder, gemeinverständliche Studien über biologische Philosophie" (1904 u. ff.).

Haeckels Verdienst ist, durch genauere Durchführung und Ausgestaltung der Lehre Darwins dem Gedanken der Entwickelung in der Naturwissenschaft zum Siege verholfen und, als der erste, den Versuch gemacht zu haben, einen Stammbaum der Lebewesen aufzustellen. Er wagte es dabei, was Darwin selbst noch nicht getan hatte, auch dem Menschen seine Stelle in jenem Stammbaum anzuweisen und ihn als Erzeugnis der natürlichen Entwickelung, wie alle übrigen Geschöpfe, aufzufassen. Die Voraussetzung dieses ganzen Unternehmens war die Anerkennung der bereits von Spinoza behaupteten Relativität des Individualitätsbegriffes, die Einsicht, daß die zusammengesetzten Organismen einen Stufenbau von Individuen sehr verschiedener Individualitätsstufen bilden, wie Haeckel sie, als der erste Naturforscher, in seiner „Generellen Morphologie" systematisch durchgeführt und damit einen der wichtigsten Grundpfeiler nicht nur der Naturphilosophie, sondern auch der Psychologie und Ethik geliefert hat.

Leider hat Haeckel in seiner Begeisterung für Darwin nicht erkannt, daß der von diesem erhobene Anspruch, die organische Entwickelung auf rein mechanischem Wege erklärt zu haben, in keiner Weise haltbar ist (vgl. oben S. 14 ff.). Haeckel ist allen Ernstes überzeugt, daß durch die Theorien der natürlichen und geschlechtlichen Zuchtwahl die Annahme von Naturzwecken endgültig ausgeschaltet sei; und da ihm die bloße Naturkunde mit Recht nicht genügt, er vielmehr auf Naturerklärung, auf gedankliche Verarbeitung und einheitliche Zusammenfassung des auf erfahrungsmäßigem Wege gewonnenen Materiales, mithin auf eine Naturphilosophie abzielt, so fällt ihm diese mit der mechanistischen Naturwissenschaft unmittelbar in eins zusammen und glaubt er, seine Weltanschauung rein mit naturwissenschaftlichen Mitteln aufbauen zu können. Diese Weltanschauung nun bezeichnet er insofern als monistisch, als sie auf dem Ausschluß jeder Art von Teleologie beruht, die Formen der organischen Wesen, ebenso wie diejenigen der anorganischen Natur, als die notwendigen Erzeugnisse des kausalen Mechanismus auffaßt und somit bloß natürliche Ursachen zur Erklärung aller Welterscheinungen heranzieht. Während die dualistische oder teleologische Weltanschauung die organische Natur für das zweckmäßig ausgeführte Erzeugnis eines planvoll wirkenden Schöpfers ansieht, behauptet demnach der in diesem Sinne „kosmonomische" Monismus (Monismus der Weltgesetzlichkeit) Haeckels die alleinige Gültigkeit des Kausalgesetzes und verwirft nicht bloß jeden Wunderglauben, sondern auch jede wie immer geartete Vorstellung von sogenannten „übernatürlichen" Vorgängen. Er schließt folglich auch jede Metaphysik hinter der Physik aus und bekennt sich grundsätzlich zu der Ansicht, daß alles in der Welt Natur, die Natur alles sei, und alles folglich in ihr auch rein natürlich zugehe[1]).

Mit dieser Einschränkung des Begriffes der Natur, ja, der gesamten Wirklichkeit auf das physikochemische Geschehen ist nun selbstverständlich auch jede Annahme von Kräften ausgeschlossen, die nicht mechanischer Art und demnach an einen Stoff gebunden sind. Keine Kraft ohne Stoff, kein Stoff ohne Kraft — das gilt für Haeckel ebenso wie für Büchner; und diese notwendige Zusammengehörigkeit jener beiden an sich doch wohl sehr verschiedenen Prinzipien wird von Haeckel

[1]) Dieser Behauptung wird auch ein Gegner Haeckels, der seinen Naturalismus und seine Gegnerschaft gegen die Metaphysik nicht teilt, beipflichten können. Die Frage ist nur, was unter „Natur" zu verstehen sei. Nach Haeckel der bloße kausale Mechanismus der physikochemischen Energien oder Kräfte. Aber das ist eine Behauptung, die ihre Begründung lediglich aus der rein mechanischen Deutung der Entwickelung schöpft, und diese ist von Darwin nicht bewiesen. Wenn der Vitalismus recht hat, daß zur Erklärung des Lebens und der Entwickelungsvorgänge noch andere Kräfte angenommen werden müssen als solche der bloßen unorganischen Natur, so gehören auch jene selbstverständlich mit zur „Natur", und die Natürlichkeit der Vorgänge wird dadurch in keiner Weise angetastet, daß neben der Kausalität auch eine Finalität im Weltgeschehen wirksam ist. Wird doch vielmehr der Mechanismus erst in der Vereinigung mit der Teleologie in seiner wahren Bedeutung anerkannt.

gleichfalls als „monistisch" angesprochen, obschon nicht einzusehen ist, wie beide eine Einheit sollten bilden können. Ja, Haeckel hält es sogar für erlaubt, den Gegensatz von Stoff und Kraft mit demjenigen der Materie und des Geistes gleichzusetzen, indem er an den Ausspruch Goethes erinnert, die Materie könne nie ohne Geist, der Geist nie ohne Materie existieren, und jede Unterscheidung zwischen Geist und Natur als unzulässig ablehnt. Statt „Geist" pflegt er sich dann auch wohl des Ausdrucks „Seele" zu bedienen und gelangt so zu der Behauptung, daß jedes Element der Wirklichkeit, jedes Atom beseelt sei oder, was für ihn dasselbe ist, daß es Lust und Unlust, Begierde und Abneigung, Empfindung und Willen habe, ohne daß hiermit im Grunde etwas anderes gemeint ist, als daß Anziehung und Abstoßung allen Massenatomen gemeinsam sind, so daß die „Atomseele" Haeckels mithin in nichts anderem als in der Äußerung ihrer Kraft besteht (!). Haeckel kann also nur in sehr bedingtem Sinne als „Hylozoist" bezeichnet werden. Er ist Materialist in gar keinem anderen Sinne, wie Büchner. Sein Hylozoismus ist nur in seiner Ausdrucksweise vorhanden, ohne jedoch in seinen Annahmen selbst begründet zu sein. Das tritt u. a. auch darin zutage, daß er die Empfindungen der Atome als „unbewußte" bestimmt, ohne eine Ahnung davon, daß Empfindungs-Sein eben nichts anderes als Bewußt-Sein und umgekehrt, eine unbewußte Empfindung folglich ein hölzernes Eisen ist, genau so wie das „unbewußte Gedächtnis", das Haeckel der Materie glaubt zuschreiben zu können, um die Vererbungsvorgänge zu erklären.

Es versteht sich von selbst, daß Haeckel, als Materialist, auch die Annahme eines von der Natur verschiedenen Gottes ablehnt. Nach ihm fallen Gott und Natur unmittelbar in eins zusammen: Gott ist die Natur, d. h. er ist als solcher überhaupt nicht, und der Monismus Haeckels ist demnach, wie aller Materialismus, in dieser Beziehung nichts anderes als

Atheismus. Daran ändert auch der Umstand nichts, daß Haeckel von seiner „monistischen Gottesidee" spricht und sich für diese auf Giordano Bruno, Spinoza und Goethe zu berufen liebt, wie, als betrachtete auch er die Natur als die Erscheinung einer ihr zugrunde liegenden einheitlichen Substanz bzw. als die Entfaltung einer „Idee" im Sinne des spekulativen Idealismus. Er hat offenbar gar keine klare Vorstellung von der Anschauung Brunos noch von derjenigen des Spinoza und legt sich die Naturauffassung Goethes in einem Sinne zurecht, die mit dessen wirklicher Ansicht kaum irgendwelche Gemeinschaft haben dürfte. Wohl bekennt auch er sich in den „Welträtseln" zu dem „unzweideutigen Monismus des Spinoza", nach welchem die Materie als die unendlich ausgedehnte Substanz und der Geist (oder die Energie!) als die empfindende oder denkende Substanz (!) die beiden fundamentalen Attribute (!) oder Grundeigenschaften des allumfassenden Weltwesens, der universalen Substanz (!), sein sollen, eine Ansicht, die er in den „Lebenswundern" dahin ergänzt hat, daß er der Substanz sogar drei untrennbare, dem Menschen erkennbare Grundeigenschaften (Attribute) zuschreibt, nämlich außer der Materie oder dem Stoff, der Energie oder der Kraft auch die Empfindung, das „Psychom". Damit soll jedoch nicht gesagt sein, daß die Substanz, wie bei Spinoza, etwas von ihren Attributen Verschiedenes und über die Vielheit ihrer Erscheinungen Übergreifendes sei, sondern nur, daß die genannten drei Grundeigenschaften stets zusammen vorkommen, wie denn auch das Grundgesetz des Haeckelschen Naturalismus, das Substanzgesetz, nur die Vereinigung des chemischen Gesetzes von der Erhaltung des Stoffs mit dem physikalischen Gesetze von der Erhaltung der Kraft bedeutet. So bleibt Haeckel denn auch trotz der entgegengesetzten Redewendungen, die nach einem substantiellen oder ontologischen Monismus klingen, bei der Annahme einer Vielheit von Atomen als der letzten Grundwirklichkeiten stehen: ein ontologischer Pluralismus, über dessen praktische Durchführbarkeit er sich ebensowenig Gedanken macht, wie über die Möglichkeit der Vereinigung so entgegengesetzter Prinzipien, wie Stoff, Kraft und Empfindung, in demselben Wirklichkeitselemente. Monismus ist demnach der Haeckelsche Standpunkt nur, erstens sofern er die Alleingültigkeit des Kausalgesetzes unter Ausschluß aller Finalität und damit die Einheit der organischen und unorganischen Natur behauptet, zweitens sofern er die Einheit von Stoff und Kraft bzw. von Materie und Seele, Geist und Empfindung annimmt, und drittens sofern er die unmittelbare Einheit von Gott und Natur für der Weisheit letzten Schluß erklärt. Diese Einheiten sind aber nirgends begründet, sondern nur einfach ohne Beweis behauptet; und so kann das Endergebnis einer unbefangenen Betrachtung seines Monismus nur lauten, daß Haeckel trotz aller Bemühungen, diesen Standpunkt durch philosophische Überlegungen zu vertiefen, im Grunde doch über den Büchnerschen Materialismus nicht hinausgelangt ist.

Der wesentlichste Unterschied des Haeckelschen Monismus vom Büchnerschen Materialismus besteht in der warmherzigen und erfrischenden Art, wie Haeckel für seine Gedanken eintritt, und dem religiösen und ästhetischen Schimmer, den er über seine Anschauungen auszugießen verstanden hat. Er selbst bekennt sich gelegentlich zum theoretischen Materialismus, will diesen aber streng vom ethischen Materialismus unterschieden wissen, den er selbst als ethischer Idealist bekämpft. Dabei übersieht er jedoch, daß der ethische Materialismus nur die selbstverständliche logische Folge des theoretischen ist, daß der Materialismus in jeder Beziehung unfähig ist, eine Ethik zu begründen, und daß das Bekenntnis zu einer materialistischen Weltanschauung, wie immer diese auch sonst geartet sein mag, über kurz oder lang zur Untergrabung und Abschwächung der idealistischen Instinkte führen muß.

Es ist daher auch ein Widerspruch, von einer „monistischen Religiosität" zu sprechen, wenn man den Monismus im Sinne Haeckels als einen rein naturalistischen auffaßt. Der Kultus der drei Ideen des Wahren, Guten und Schönen, den Haeckel an die Stelle der dualistischen religiösen Ideen setzt, schwebt bei ihm schon deshalb in der Luft, weil jene drei Ideen auf naturalistischem Boden in keiner Weise zu begründen sind. Sie setzen alle drei die Annahme einer absoluten Vernunft voraus, als deren verschiedene Spiegelungen im wissenschaftlichen, sittlichen und ästhetischen Bewußtsein sie sich darstellen, verlieren jedoch jede Gültigkeit, wenn das Wirkliche nur der Mechanismus der Atome und die Vernunft nur ein zufälliges Erzeugnis der natürlichen Entwickelung darstellt. Es ist aber nicht zuletzt gerade diese idealistische Aufmachung seines Standpunktes, was Haeckel so viele Anhänger zugeführt hat, die sich von dem älteren Materialismus abgestoßen fühlten. Man nimmt die schönen Worte für die Sache selbst, und die sympathische Persönlichkeit seines Begründers, sein Ruf als Biologe, sein energisches Eintreten für alle freiheitlichen Bestrebungen und sein Kampf gegen geistige und religiöse Rückständigkeit haben seinem Monismus eine Bedeutung und seinen philosophischen Gedanken eine Verbreitung verschafft, die in gar keinem Verhältnis steht zu ihrem wahren Werte.

Die beste und ausführlichste Widerlegung des Haeckelschen Monismus hat E. v. Hartmann in „Das Unbewußte in Physiologie und Deszendenztheorie" (Philosophie des Unbewußten Bd. III) sowie in seinem Aufsatz über „Ernst Haeckel als Vorkämpfer der Abstammungslehre in Deutschland" in den Ges. Studien und Aufsätzen geliefert. Vgl. auch W. v. Schnehen in dem von A. Drews herausgegebenen Sammelwerke „Der Monismus" Bd. II, 1908. Vom Kantischen Standpunkte aus hat E. Adickes in „Kant contra Haeckel, Erkenntnistheorie gegen naturwissenschaftlichen Dogmatismus" (1901, zweite Auflage 1906) den Haeckelschen Monismus zurückgewiesen, während Fr. Paulsen in „Ernst Haeckel als Philosoph" (Preuß. Jahrbücher 1900, wieder abgedruckt in „Philosophia militans", 1901) über ihn den Stab gebrochen hat. —

Mit Dühring und Haeckel teilt die Richtung aufs Ethische

Friedrich Jodl

(1848—1914), Professor der Philosophie in Prag und Wien. Wie alle Naturalisten, ist auch er ein abgesagter Gegner aller Metaphysik und spekulativen Systematik. Seine Anschauung wurzelt in der Gedankenwelt eines J. St. Mill und Feuerbach, dessen Werke er zusammen mit Bolin herausgegeben hat, und er bekennt sich rein zum Standpunkte der Erfahrung. So nimmt er auch zu Kant eine verneinende Stellung ein. Er lehnt in der Erkenntnistheorie dessen Idealismus und Phänomenalismus ebenso ab, wie dessen Annahme apriorischer Verstandesformen, indem er selbst einem Sensualismus huldigt, der nicht eben klar zwischen transzendentalem und naivem Realismus schillert. Es gibt also nach ihm eine Wirklichkeit, eine Welt von Dingen an sich außerhalb unseres Bewußtseins; sie fällt für Jodl mit der materiellen Wirklichkeit zusammen. Die Kategorien aber hält er nicht für ursprüngliche Formen unseres Verstandes, vermittelst welcher dieser den von außen, durch die Wirkung der Dinge an sich ihm gelieferten Empfindungsstoff ordnet, sondern für Erzeugnisse der natürlichen Entwickelung, ohne daß er sich die Frage vorlegt, wie die Entstehung jener Formen aus der bloßen Mechanik unserer Gehirnmoleküle begreiflich und wie es möglich sein soll, die an und für sich alogische materielle Wirklichkeit vermittelst jener logischen Formen zu erkennen.

In seinem „Lehrbuch der Psychologie" (1897, vierte Auflage 1916) faßt er die gesamte Wirklichkeit unter dem Begriffe der „Natur" zusammen. Hier setzt er die Seele mit den materiellen Vorgängen im Organismus gleich und erklärt den Geist, den er ganz im Sinne des Materialismus mit dem Bewußtsein vereinerleit, für eine nur auf bestimmten Entwickelungsstufen vorhandene, zeitweilig aussetzende Funktion eines mit eigenartigen nervösen Anlagen ausgestatteten organischen Wesens. Das körperliche und das seelische Geschehen sind nur die beiden Seiten oder Erscheinungsweisen eines und desselben Vorganges, nämlich der mit Bewußtsein verbundenen Lebensäußerungen eines mit einem Gehirn ausgestatteten Organismus. Was unterhalb der Schwelle des Bewußtseins vor sich geht, ist organisch oder körperlich, aber nicht seelisch, und auch die höchsten Leistungen unseres Verstandes sind ihrem Wesen nach bloße Gehirnvorgänge. Eine Erklärung für die Umwandlung von Gehirnschwingungen in Bewußtseinsvorgänge zu geben, lehnt er unter Berufung auf die Erfahrung ebenso ab, wie die Annahme eines unbewußt Seelischen, weil er das Seelische eben ohne weiteres mit dem Bewußtsein gleichsetzt und ein unbewußt Seelisches folglich ein unbewußtes Bewußtsein, d. h. ein Widerspruch in sich selbst, sein würde. Dabei kann er sich aber doch dem Zugeständnisse nicht entziehen, daß im Organismus möglicherweise noch ganz andere Kräfte als bloß physikochemische wirken, auf die er nur nicht eingeht, weil sie der Erfahrung nicht zugänglich sind. Da hiernach die Seele nur ein passives Anhängsel, ein bloßes „Epiphänomen" der materiellen Gehirnvorgänge sein soll, muß Jodl folgerichtig alle Eigentätigkeit der Seele leugnen. So erklärt er denn auch die Willensakte für bloße passive Empfindungsabläufe und somit für reine Bewegungsvorgänge im Gehirn, vermag aber diese Ansicht nur dadurch durchzuführen, daß er seinen Materialismus beständig vergißt und sich einer Redeweise bedient, die der Auffassung des gewöhnlichen Lebens entspricht.

Nur auf diese Weise wird es ihm auch möglich, sich mit ethischen Fragen zu befassen. Jodl hat eine „Geschichte der Ethik als philosophische Wissenschaft" (zweite Auflage 1906) geschrieben und die Ethik in Vorlesungen behandelt, die nach seinem Tode unter dem Titel „Allgemeine Ethik" von W. Börner 1918 herausgegeben worden sind. Er vertritt hier, seinem materialistischen Standpunkte entsprechend, den Eudämonismus, und zwar in der Gestalt des Sozialeudämonismus, indem er die allgemeine Wohlfahrt, das größtmögliche Glück der größtmöglichen Zahl (Bentham), für das Ziel des sittlichen Handelns erklärt, das als solches das Wohl des Einzelnen in sich einschließen soll, und er macht die Erreichung dieses Zieles abhängig von der Kulturentwickelung, der Vervollkommnung der bestehenden Verhältnisse, nicht ohne eine Ahnung davon, daß zwischen beiden ein Widerstreit besteht, der auf dem Boden der reinen Erfahrung unmöglich ausgeglichen werden kann. Nichtsdestoweniger sucht er die Ethik von aller Metaphysik unabhängig zu begründen und begeistert sich für eine „Religion der Humanität", die er, als Führer der ethischen Bewegung, in der „Deutschen Gesellschaft für ethische Kultur" den kirchlichen Religionen entgegenstellt, und von welcher er das Heil der Menschheit in der Zukunft erwartet. —

Ein Gesinnungsgenosse Jodls ist der Berliner Professor der Philosophie Georg v. Gizycki (1851—1895), der Verfasser einer „Moralphilosophie" (1888), die sich, ebenso wie seine geschichtlichen Arbeiten, an englische Denker anschließt, während Ferdinand Tönnies (geb. 1855) in seinen sozialphilosophischen Schriften, unter denen „Gemeinschaft und Gesellschaft" (1887, zweite Auflage 1912) hervorragt, eine gewisse Hinneigung zur metaphysischen Willenslehre Schopenhauers zeigt, indem er die organisch in sich zusammenhängende Gemeinschaft, die ursprüngliche Lebensform, wie sie in Haus, Dorf, Gau, Land usw. sich darstellt, als Ausfluß eines allgemeinen Willens, die mechanisch gewordene Gesellschaft hingegen, die auf der Verselbständigung der Individuen mit streng geschiedenem Privateigentum und persönlichen Interessen beruhen soll, als Erzeugnis einer vom Verstande geleiteten Willkür auffaßt.

Nicht frei von metaphysischen Anwandlungen ist auch der „monistische Positivismus" des österreichischen Feldmarschall-Leutnants Gustav Ratzenhofer (1842—1903). Er nimmt eine Urkraft als physikalisches (!) Prinzip der Weltentwickelung an, dem er aktuelle und potentielle Energie, Wollen und Bewußtsein zuschreibt, und die darauf gerichtet sein soll, die Willensziele der Individuen mit denjenigen der Gesamtheit auszugleichen. Sein Hauptinteresse gilt der Politik und der in ihr herrschenden Gesetze, wie er diese in „Wesen und Zweck der Politik" (1893) zu entwickeln versucht hat. Seine übrigen Werke, „Der positive Monismus" (1899), „Positive Ethik" (1901), „Positive Erkenntnistheorie" (1902) usw., sind gleichfalls wesentlich auf die Auffassung und Umgestaltung der bestehenden Verhältnisse im Sinne einer rein erfahrungsmäßigen und metaphysikfreien Weltanschauung gerichtet und erwarten im Geiste der naturalistischen Aufklärung von der Wissenschaft die Vervollkommnung der menschlichen Gattung. —

Wenn Jodl sich selbst einen „naturalistischen Positivisten" nennt und auch Gizycki, Tönnies und Ratzenhofer ebensowohl als Naturalisten wie als Positivisten gelten können, so zeigt dies die enge Verwandtschaft beider Standpunkte, des Naturalismus und des Positivismus. In der Tat stimmen alle die Genannten darin überein, daß sie, wie Dühring, eine sogenannte Wirklichkeitsphilosophie im Gegensatze zur idealistischen Spekulation der klassischen deutschen Philosophie erstreben und daß auch, wo sie sich metaphysischer Erwägungen nicht ganz entschlagen können, das Positive der Erfahrung den eigentlichen Gegenstand ihres Interesses bildet.

Der Positivismus.

Von Positivismus im engeren Sinne wird man indessen erst da reden können, wo die Erfahrung rein als solche, die sogenannte „reine Erfahrung“, für die alleinige Wirklichkeit erklärt, zum ausschließlichen Inhalte einer Philosophie gemacht und diese auf die bloße Untersuchung ihrer eigentümlichen Beschaffenheit eingeschränkt wird. In diesem Sinne erklärt der Leipziger Professor der Philosophie Karl Göring (1841—1879) in seinem (unvollendeten) „System der kritischen Philosophie“ (1874—1875), daß dasjenige, was nicht erfahren werde, auch nicht wirklich und folglich über die Erfahrung hinaus auch keine Erkenntnis möglich sei. Als die einzige zuverlässige Quelle aller unserer Erkenntnis aber betrachtet er die Sinneswahrnehmung, das „unmittelbare Bewußtsein“, das die größte subjektive Gewißheit mit sich führe, in bezug worauf allein von objektiver Notwendigkeit die Rede sein könne, wohingegen er das Denken, als eine von den Sinnesempfindungen abgeleitete Geistestätigkeit, für subjektiv beeinflußt ausgibt, ein Sensualismus, der, wie überall, auf die englische Erfahrungsphilosophie, insbesondere auf Hume und Mill zurückgeht. —

In ähnlicher Weise stellt auch J. H. v. Kirchmann (1802—1884), der Begründer der „Philosophischen Bibliothek“, in seiner „Philosophie des Wissens“ (1864) den Gesamtsatz auf: „Das Wahrgenommene ist“, und zwar im Sinne einer vom Bewußtsein verschiedenen Wirklichkeit, bekennt sich also mit dieser Annahme der Einerleiheit von Seinsinhalt und Wissensinhalt zum naiven Realismus, indem er nicht ansteht, der vom

Bewußtsein unabhängigen Wirklichkeit die sinnlichen Qualitäten zuzuschreiben, die wir ihnen in der Wahrnehmung beilegen. Die Beziehungsbegriffe hingegen hält er in der Hauptsache für bloß subjektiv, obschon der zweite Grundsatz seiner Philosophie „Das sich Widersprechende ist nicht" eine logische Beziehung ausdrückt und damit die Wirklichkeit, für die er gelten soll, als eine durch logische Beziehungen geregelte bestimmt, und obschon das Sein als solches selbst, wie Lotze gezeigt hat, nichts anderes sein kann als ein In-Beziehungen-Stehen. Daß die Leugnung der Gültigkeit der Beziehungsbegriffe für das Sein folgerichtigerweise zum reinen Agnostizismus führt, hat v. Kirchmann sich nicht klargemacht. Er steht auch in dieser Beziehung mit den Positivisten auf demselben Boden, die über die Wirklichkeit philosophieren wollen und durch die Leugnung einer objektiven Vernunft die Voraussetzung beseitigen, unter welcher allein von einer Erkenntnis der Wirklichkeit die Rede sein kann. Vgl. über v. Kirchmann E. v. Hartmann: „J. H. v. Kirchmanns erkenntnistheoretischer Realismus" (1875). --

Als entschiedener Positivist will auch

Ernst Laas

(1837—1885), Professor der Philosophie in Straßburg, angesehen werden. In seinem Hauptwerk „Idealismus und Positivismus" (drei Teile 1879—1884) rechnet er mit den vorzüglichsten Vertretern des Platonismus, d. h. derjenigen Denkrichtung ab, die auf logischem Gebiete den Begriffsrealismus, auf erkenntnistheoretischem den Apriorismus, die Annahme vorempirischer Verstandestätigkeiten, auf metaphysischem den Spiritualismus und die Teleologie vertritt, und stellt dieser Richtung den Positivismus als diejenige Philosophie entgegen, „welche keine andere Grundlage anerkennt als positive Tatsachen, d. h. äußere und innere Wahrnehmungen", wie diese durch **Protagoras** begründet sein soll. Als die drei Grundlehren des Positivismus bezeichnet er die Entsprechung von Subjekt und Objekt, gemäß welcher beide immer nur verbunden auftreten und das Ich keine größere Gewißheit hat als das Nichtich, nur Beziehungszentrum, Schauplatz von Wahrnehmungsinhalten ist; ferner die Lehre von der absoluten Veränderlichkeit der Wahrnehmungsgegenstände, von der auch die Iche nicht ausgenommen sind; und endlich die „sensualistische Fundamentalbehauptung", daß alle Erkenntnisse nichts anderes sind als umgeformte Sinneswahrnehmungen, wobei Laas in Übereinstimmung mit J. St. **Mill** außer mit den wirklich bewußten Empfindungsinhalten auch mit möglichen Wahrnehmungsinhalten rechnet und die Welt als die Summe dieser „Wahrnehmungsmöglichkeiten" (!) auffaßt[1]). Als der Ort aller dieser Inhalte aber gilt ihm nicht das Ich, das Individualbewußtsein, sondern ein allumfassendes „Bewußtsein überhaupt", von dem dann freilich schwer einzusehen ist, wie ein solches in den Standpunkt der bloßen Erfahrung hineinpaßt. Neigt doch übrigens Laas auch zur Annahme einer Vielheit dynamisch aufeinander wirkender, zu einem einheitlichen Weltsystem zusammengeschlossener Substanzen und eines wirklichen Geschehens in einer transzendenten Zeit, die mit seinem Agnostizismus und seiner Leugnung der Metaphysik in keiner Weise zusammenstimmt.

Sensualistisch, wie seine Erkenntnistheorie, ist natürlich auch die Ethik dieses Positivisten. Sie gründet alle sittlichen Werte rein auf Lust und Unlust, indem sie eine Moral bloß für dieses Leben mit Motiven sein will, die im Diesseits ihre Wurzel finden. Trotzdem weist Laas den Egoismus zurück. Er betrachtet die Pflichten als Ausflüsse sozialer Ordnungen und bekennt sich zu einer optimistischen tätigen Lebensauf-

---

[1]) Siehe meine „Geschichte der Philosophie im zweiten Drittel des 19. Jahrhunderts", S. 135 ff

fassung, für die das goldene Zeitalter nicht hinter uns, sondern vor uns in der Zukunft liegt. —

Der Positivismus lehnt grundsätzlich alle metaphysische Denkweise ab. Es ist ihm Herzenssache und geradezu die Voraussetzung alles seines Philosophierens, daß es keine metaphysische Erkenntnis gibt. Wie muß, so fragt er, die Wirklichkeit beschaffen sein, wenn es von ihr eine metaphysikfreie Erkenntnis, eine Erkenntnis aus reiner Erfahrung geben soll? Und seine Antwort lautet: Die Wirklichkeit muß selbst frei von allen metaphysischen Bestandteilen sein und rein in der Erfahrung aufgehen. Was aber ist die „reine" Erfahrung? Diese Frage bildet den Gegenstand des sogenannten Empiriokritizismus, wie er begründet ist durch

Richard Avenarius

(1843—1896), Professor der Philosophie in Zürich. Schon in seiner Habilitationsschrift „Philosophie als Denken der Welt gemäß dem Prinzip des kleinsten Kraftmaßes. Prolegomena zu einer Kritik der reinen Erfahrung" (1876, zweite Auflage 1903) stellt er als Verknüpfungsgesetz der Erfahrungstatsachen nicht ein logisches, sondern das alogische Prinzip der Einfachheit des Verknüpfens auf und behauptet, daß diejenige Verknüpfung von Tatsachen den größten Anspruch auf Wahrheit habe, welche die gleiche Leistung mit dem geringsten Kraftaufwande ausführe, wohingegen eine andere als diese stets eine mit intellektueller Unlust empfundene Belastung des Bewußtseins darstelle. Hätte er hiermit recht, so müßten die ursprünglichsten Philosophien und kindlichsten wissenschaftlichen Theorien den höchsten Grad von Wahrheit haben, da sie die einfachsten sind und dem Denken den geringsten Kraftaufwand zumuten, und jedenfalls könnte seiner eigenen Philosophie, wie er sie in seiner „Kritik der reinen Erfahrung" (1888—1890) entwickelt hat, nur ein sehr bedingtes Maß von wissenschaftlicher Berechtigung zugestanden werden. Denn diese stellt mit ihrem scholastischen Begriffsapparat, ihrem gelehrten Kauderwelsch und ihrer trockenen und schwerfälligen Darstellungsweise so große Ansprüche an die Bewältigungsfähigkeit des Denkens, daß ihr Studium zum schwierigsten und unerfreulichsten der Welt gehört. Avenarius möchte mit der Anwendung algebraisch formelhafter Darstellung die größtmögliche logische Strenge und Eindeutigkeit seiner Anschauungen erzielen, hat es aber dadurch nur dahin gebracht, daß seine Darlegungen überaus abstoßend sind und dem Denken selbst da den größten Kraftaufwand zumuten, wo es sich im Grunde um höchst einfache, ja, platte Binsenwahrheiten handelt. Etwas lesbarer als die „Kritik der reinen Erfahrung" ist „Der menschliche Weltbegriff" (1891, zweite Auflage 1905), eine Zusammenfassung der Hauptgedanken von Avenarius.

Der Empiriokritizismus sucht nach einem Standpunkte, der über den Gegensatz von Materialismus und Idealismus, von Körperlichem und Seelischem, Innen- und Außenwelt hinausliegt, wie sie bloß durch die metaphysische Denkweise bedingt sein sollen, und findet einen solchen im Rückgang auf den „natürlichen Weltbegriff", auf die reine, noch unbearbeitete und unverbildete Erfahrung, die vor allem philosophischen Denken vorhanden und über jeden derartigen Dualismus erhaben ist. In dieser sieht jedes menschliche Individuum sich einer Umgebung mit mannigfaltigen Bestandteilen gegenüber, darunter auch anderen menschlichen Individuen mit mannigfaltigen Aussagen, und das Ausgesagte in irgendwelcher Abhängigkeit von der Umgebung. Dabei gehören Individuum und Umgebung, das Ich und die Umgebungsbestandteile, untrennbar zusammen und stehen hinsichtlich des Gegebenseins vollständig auf der gleichen Stufe als Zugehörige einer und der nämlichen Erfahrung. Darin besteht die „empiriokritische Prinzipialkoordination". Die Umgebungsbestandteile bezeichnet Avenarius als R-Werte, die menschlichen Aussagen als E-Werte.

Auf der Verkennung der grundsätzlichen Gleichwertigkeit von R und E soll nun nach Ansicht des Empiriokritizismus alle Verkehrtheit des bisherigen Philosophierens beruhen. Denken wir uns nämlich zwei Menschen M und T, so wird jeder von ihnen den Bewegungen und Lauten des anderen, seiner eigenen Erfahrung gemäß, eine mehr als bloß mechanische Bedeutung zuschreiben, d. h. er wird dessen Aussagen zu E-Werten erheben, indem er sie den eigenen Aussagen gleichstellt und sie, wie diese, sich auf Gedanken, Gefühle und Willensakte beziehen läßt. Gegen diese „Hypothese" ist an sich nichts einzuwenden. Nun aber legt jeder unwillkürlich in den anderen auch Wahrnehmungen der von ihm selbst vorgefundenen Umgebungsbestandteile oder Sachen hinein, und durch diese „Einlegung" oder „Introjektion" wird die von einem jeden vorgefundene einheitliche Erfahrungswelt in eine Außenwelt und Innenwelt, ein Körperliches und Seelisches, ein Objekt und ein Subjekt gespalten. Denn nun wird von beiden Seiten übersehen, daß die Einlegung ja nur vom Standpunkte des einen in bezug auf den anderen gültig ist. Die Individuen glauben, zu „erfahren", daß sie selbst eine äußere und eine innere Welt besitzen, eine Welt, die sie wahrnehmen, und eine solche, die aus ihren Wahrnehmungen, Erkenntnissen, Erfahrungen besteht. Damit aber ist die Verfälschung des natürlichen Weltbegriffes eingeleitet. Indem nämlich jedes Individuum sich für das andere in die Zweiheit eines äußeren und eines inneren Individuums zerlegt, von denen das innere als der eigentliche Träger der Wahrnehmungen usw. angesehen wird, entstehen die Vorstellungen von Seele, Geist, Unsterblichkeit, ferner die Unterscheidung einer durch die Sinne vermittelten Erfahrung und eines Unerfahrbaren, die Zerlegung der Wahrnehmungen in sinnliche Empfindungen und gedankliche Zutat usw., bis am Ende dieser Entwickelung Gegenstand und Erkenntnis oder Sein und Denken sich als unvergleichbare und füreinander unerreichbare Größen gegenüberstehen: ein „metaphysischer Dualismus", der in den Verhandlungen der Philosophen über Realität und Idealität, über Objektivität und Subjektivität usw. zum Ausdruck gelangt.

In Wahrheit stehen das Ich und die Umgebung in bezug auf die Art ihres Gegebenseins, wie gesagt, durchaus auf der gleichen Linie, und zwar stehen die E-Werte im vollständigen Abhängigkeitsverhältnis zu den R-Werten, nicht im Sinne der Kausalität oder etwa eines grundsätzlichen Parallelismus, sondern im Sinne einer bloßen mathematischen Funktionsbeziehung. Auch ist die Abhängigkeit der E-Werte von den R-Werten keine unmittelbare, sondern eine bloß mittelbare, sofern, wie die Psychophysik beweist, zwischen ihnen die nervösen Organe und Leitungen und schließlich das Zentralorgan des Gehirnes steht, das Avenarius als C bezeichnet. Nur zwischen C und E besteht ein unmittelbares Abhängigkeitsverhältnis, während C nicht bloß durch R, sondern auch durch die in ihm sich vollziehenden Stoffwechselvorgänge bzw. die vom Individuum aufgenommene Nahrung S bestimmt wird. Die volle Selbstbehauptung des Systems C gegenüber R, das „vitale Erhaltungsmaximum", wäre dann gegeben, wenn der Stoffwechselersatz in C den durch R bedingten Arbeitsleistungen gleich wäre oder beide sich die Wage hielten, ein Ruhezustand von C, der in der Wirklichkeit wohl kaum jemals vorkommt. Hier werden stets Abweichungen vom Erhaltungsmaximum vorhanden sein, die auf „Systemschwankungen", d. h. darauf beruhen, daß das Eintreten der Zu- oder Abnahme von R ein Abweichen vom Ruhezustand veranlaßt; und diese Abweichungen, also Zustandsänderungen des zentralen Nervensystems, bilden die „unabhängigen Vitalreihen", denen die E-Werte zugeordnet sind.

Aus dieser Abhängigkeit der E-Werte von den Schwankungen des Systems C folgt, daß nicht nur den Empfindungen („Elementen"), sondern auch allen übrigen Inhalten unseres Bewußtseins und intellektuellen Momenten (Kategorien) gar keine objektiv-logische Bedeutung und demnach auch keine Wahrheit oder Unwahrheit im gewöhnlichen Sinne dieses Wortes zukommt, sondern daß sie bloße „Charaktere" sind, die vom Ablauf des biologischen Geschehens bestimmt werden und sich mit diesem wandeln. Auch die Begriffe der Metaphysik, die Gegensätze des Körperlichen und Seelischen usw., sind bloße derartige „Charaktere" auf Grund biologischer Abhängigkeitsverhältnisse ohne irgendwelche reale Bedeutung: ein Standpunkt, der in Wahrheit die vollständige Verneinung aller Erkenntnis darstellt und jedenfalls mit seiner Herleitung aller E-Werte, d. h. aller geistigen Vorgänge und Inhalte, aus den materiellen Grundlagen und Bedingungen des Gehirns ein so unverfälschter Materialismus ist, daß Avenarius sich vergeblich etwas darauf zugute tut, mit seinem Empiriokritizismus alle Metaphysik und wie den Idealismus so auch den Materialismus endgültig überwunden zu haben.

Gewiß hat Avenarius darin recht, daß die Gegensätze von Subjekt und Objekt, von Seelisch und Körperlich usw. zwar zunächst noch nicht vorhanden sind; sie treten aber sofort hervor, sowie das Nachdenken sich auf den Erfahrungsinhalt richtet. Denn alsdann stellt sich heraus, daß die Umgebungsbestandteile oder Dinge und das Ich keineswegs, wie die „empiriokritische Prinzipialkoordination" behauptet, vollständig gleichwertig sind und auf derselben Linie stehen, sondern daß das Ich ein Übergewicht über die Dinge besitzt, sofern das Bewußtsein es ist, dem die Dinge „gegeben", und diese unmittelbar nur als Vorstellungen unseres Bewußtseins da sind. Damit stellt sich aber der erkenntnistheoretische Grundgegensatz von Innenwelt und Außenwelt ohne weiteres auf dem Boden der reinen Erfahrung selber ein, und es entsteht die Aufgabe, die Existenz und das Verhältnis der „Dinge an sich" zum Bewußtsein genauer festzustellen; diese führt aber so oder so mit Notwendigkeit wieder zur Metaphysik zurück. Der Empiriokritizismus glaubt, alle angeführten Gegensätze aus der „Einlegung" ableiten und als Verfälschungen des wahren Tatbestandes erklären zu können. Er behauptet, daß jeder Mensch dem anderen seine eigenen Erfahrungen einlege und so für den anderen eine Innenwelt schaffe, um dies dann irrtümlicherweise auch in bezug auf sich selbst zu tun und damit seine eigene Persönlichkeit und diejenige des andern zu verdoppeln. Aber dies ist ein offenbarer Zirkelschluß, da jeder doch bereits eine innere Erfahrung besitzen muß, um sie dem andern einlegen zu können. Alle Erkenntnis beruht auf Einlegung der eigenen seelischen Innerlichkeit, der eigenen Vernunft und Kraft in den zu erkennenden Gegenstand, d. h. auf Selbst-Erkenntnis. Wenn die Annahme jener Innerlichkeit ein Irrtum sein soll, so ist auch aus diesem Gesichtspunkte heraus überhaupt keine Erkenntnis möglich. Nach der Voraussetzung des Empiriokritizismus, wie sie in der „Prinzipialkoordination" enthalten ist, könnte, da das entsprechende ichliche Gegenglied oder das Individuum als Zentralglied zu den Umgebungsbestandteilen fehlt, weder über unwahrgenommene Dinge der Gegenwart noch über solche der Vergangenheit auch nur das geringste ausgesagt werden. Avenarius sucht dieser Folgerung zwar durch seine Annahme „potentieller Zentralglieder" vorzubeugen, z. B. für die Zeit, wo noch kein System C existierte, also vor Entstehung der menschlichen Individuen. Daß aber hiermit der Standpunkt der Erfahrung verlassen und der Weg der Metaphysik in der Annahme betreten ist, daß das Gehirn ein Erzeugnis einer rein natürlichen Entwickelung im Sinne des Materialismus darstellt, bedarf keiner näheren Auseinandersetzung. Die Unmöglichkeit einer Metaphysik ist eben vom Empiriokritizismus nur unkritischerweise vorausgesetzt, aber nicht bewiesen. Und wie wenig „rein" die „reine" Erfahrung von Avenarius in Wirklichkeit ist, hat Volkelt mit unübertrefflicher Klarheit in seinem Werke „Gewißheit und Wahrheit" (1918) aufgezeigt. Es muß demnach unter allen Umständen als eine Anmaßung und eine Torheit bezeichnet werden, wenn nur der Standpunkt der reinen Erfahrung für einen „wissenschaftlichen" erklärt wird und Avenarius in diesem Sinne seit 1877 eine „Zeitschrift für wissenschaftliche Philosophie" herausgegeben hat, als ob nur der Empiriokritizismus sich mit wissenschaftlicher Denkweise vertrage. —

Einen ähnlichen Standpunkt, wie Avenarius, zu dem er jedoch unabhängig von diesem gelangt ist, nimmt der Wiener Physiker

Ernst Mach

(1838—1916) ein und hat ihn, ein gewandter Schriftsteller, der klar und eindringlich seine Gedanken zu entwickeln versteht, in einer Anzahl bedeutsamer und vielgelesener Schriften vertreten. Schon in seinem Werke „Die Mechanik in ihrer Entwickelung, historisch-kritisch dargestellt" (1883, siebente Auflage 1912), dem Mach vor allem sein Ansehen als Kritiker der Naturwissenschaft verdankt, bekämpft er das Metaphysische in den Leistungen der großen Forscher auf dem Gebiete der Mechanik. In der „Analyse der Empfindungen und das Verhältnis des Physischen zum Psychischen" (1886, sechste Auflage 1911) macht er es sich zur Aufgabe, alles Metaphysische als müßig und die Ökonomie der Wissenschaft störend auszumerzen, und hat diese Arbeit fortgesetzt in den „Prinzipien der Wärmelehre, historisch-kritisch entwickelt" (1896, zweite Auflage 1900) sowie vor allem in der Schrift „Erkenntnis und Irrtum, Skizzen zur Psychologie der Forschung" (1905, zweite Auflage 1906).

Auch für Mach fallen Erfahrung und Wirklichkeit in eins zusammen. Nun heißt erfahren werden soviel wie unmittelbarer Inhalt unseres Bewußtseins sein, und dies sind nur die Empfindungen. Demnach ist für Mach die Wirklichkeit mit der Welt unserer Empfindungen einerlei. Es gibt kein anderes Sein als das Bewußt-Sein = Empfindungs-Sein. Alles Dasein ist Erscheinung, Phänomen, und es ist ebenso widersinnig, ein Jenseits der Erscheinung und Erfahrung anzunehmen, das den Gegenstand einer irgendwie metaphysischen Erkenntnis bilden könnte, wie ein Apriori der Erkenntnis, durch welches die Empfindungen in logischer Weise geordnet und verknüpft werden. Mach stellt sich hiermit auf den Boden eines folgerichtigen Empirismus und Sensualismus im Sinne Humes. Nur innerhalb der Erfahrung, auf Grund der bloßen Empfindungen ist Gewißheit möglich. Aufgabe der Wissenschaft ist, die Tatsachen oder Bewußtseinsinhalte (Empfindungen) in Gedanken nachzubilden oder mit möglichster Vollständigkeit zu beschreiben, dabei nicht bloß die Gedanken an die Tatsachen, sondern auch aneinander anzupassen, und dies zwar gemäß dem „Prinzip der Ökonomie des Denkens", das dem Avenariusschen Prinzip des kleinsten Kraftaufwandes entspricht, und welches darauf beruht, daß jeweilig diejenige Annahme den Vorzug verdient, die zur Beseitigung unseres intellektuellen Unbehagens das Geforderte in der denkbar einfachsten Weise leistet.

Es ist klar, daß mit dieser Auffassung Machs der naive Realismus als der allein gültige erkenntnistheoretische Standpunkt anerkannt ist. Die Dinge sind nichts anderes, als wie sie sich in unserem Bewußtsein darstellen. Die Kantische Annahme sogenannter Dinge an sich, die unabhängig von unseren Empfindungen existieren, ist überflüssig und widersinnig. Was ich Körper nenne, ist nur eine verhältnismäßig beharrliche Summe von Tast- und Lichtempfindungen, die an dieselben Raum- und Zeitempfindungen geknüpft ist. Was als Ich bezeichnet zu werden pflegt, ist eine Empfindungsgruppe, deren Glieder einesteils ein menschlicher Körper und andernteils an ihn gebundene Erinnerungen, Stimmungen, Gefühle bilden, und nicht das Ich ist das Ursprüngliche, sondern die Empfindungselemente. Der Substanzbegriff hat keine reale Bedeutung, denn da er ausschließlich aus Empfindungen besteht, so kann ein Gegenstand auch nicht derselbe bleiben, wenn sich seine Empfindungen ändern. Aber auch der Kausalbegriff wird von Mach als „fetischistisch" verworfen und soll durch den mathematischen Funktionsbegriff, d. h. die Vorstellung der allseitigen Abhängigkeit, ersetzt werden.

Gibt es hiernach weder Körper noch Seelen oder Geister als besondere, von den Empfindungen verschiedene Substanzen, so hat damit auch der Gegensatz von Außenwelt und Innenwelt, von Leib und Seele seinen Sinn verloren. Alles ist Empfindung, nur von verschiedenartiger Zusammensetzung und Beschaffenheit. Das gilt auch von den sogenannten inneren Vorgängen, unseren Gefühlen, Willensakten und Gedanken. Sonach ist auch der Unterschied von Physik und Psychologie im Grunde hinfällig. Auch er beruht nur auf der Richtung der Betrachtungsweise. Während die Physik die Beziehungen der Empfindungen untereinander behandelt, welche die Außenwelt bilden, abgesehen von ihren Beziehungen zum menschlichen Organismus, erforscht die Psychologie eben diese Abhängigkeitsverhältnisse zwischen beiden. Dabei sind die Naturgesetze keineswegs als Regeln aufzufassen, nach denen die Naturvorgänge sich zu richten hätten, eine Annahme, die metaphysisch wäre, sondern sie sind vielmehr „getäuschte Erwartungen" oder Einschränkungen, die wir unter dem Einflusse der Erfahrung unseren Erwartungen vorschreiben, und die Bedeutung aller Wissenschaft ist wesentlich eine biologische, d. h. sie hat nur den Zweck, uns das Denken und Handeln zu erleichtern, um durch die Welt zu kommen, indem sie Erfahrungen durch Nachbildung oder Vorbildung von Tatsachen in Gedanken ersetzt oder erspart, die leichter zur Hand sind als die Erfahrung selbst.

Man sieht, diese Machsche Philosophie ist nichts anderes als eine Erneuerung des Humeschen Sensualismus. Ob dieser unter dem Einflusse der modernen Naturwissenschaft haltbarer geworden ist? Aber die Schwierigkeiten beginnen schon gleich bei der Frage, was denn die Wirklichkeit, wenn sie nichts anderes sein soll als unser eigener Bewußtseinsinhalt, war, bevor es Individuen mit Empfindungen gab. Und wenn der Körper eine bloße Gruppe von Empfindungen sein und das Ich sich gleichfalls in Empfindungen erschöpfen soll, was sind sie, wenn sie zeitweilig nicht empfunden werden, und wo bleibt unter dieser Voraussetzung die Dieselbigkeit unseres Wahrnehmungsinhalts, die bei dem beständigen Abreißen der Wahrnehmungszusammenhänge im Bewußtsein doch nirgends anzutreffen ist? Die Bewußtseinswirklichkeit ist lückenhaft, unzusammenhängend, wirr und sinnlos und erhält einen Sinn und einen Zusammenhang erst durch die Beziehung auf eine bewußtseinsjenseitige Welt, die unabhängig von ihr vorhanden ist. Mach selbst ist überall da transzendentaler Realist, wo er unbefangen, als Naturforscher über die Dinge urteilt. Denn da unterscheidet auch er zwischen subjektiven Erscheinungen, z. B. Farben, Tönen, Gerüchen usw., und ihren Ursachen jenseits des Bewußtseins, dem Äther, der Luft, den chemischen Umwandlungen in der Schleimhaut usw. Die Dinge müssen sonach doch wohl noch etwas anderes sein als unsere Empfindungen von ihnen, da diese doch nicht die Ursachen ihrer eigenen Ursachen sein können. Und wenn es auch innerhalb des Bewußtseins keine Kausalität gibt, weil Vorstellungen einander nicht verursachen, sondern nur aufeinander folgen gemäß den Gesetzen der Vorstellungsverknüpfung: die eigentliche

Wirklichkeit muß doch zu unserem Bewußtseinsinhalt im Verhältnis von Ursache und Wirkung stehen, wenn die Beschaffenheit unserer Empfindungswelt irgendwie verständlich sein soll. So wird nicht bloß das Ding an sich, sondern auch die Kausalität wieder in ihre Rechte eingesetzt, die schon deshalb nicht durch den Begriff der wechselseitigen funktionellen Abhängigkeit ersetzt werden kann, weil hierbei der Begriff der Zeitlichkeit, die Annahme eines gesetzmäßigen eindeutigen Naturverlaufes, ausgeschaltet würde, der für die Kausalität grundlegend ist, und ohne den keine Realwissenschaft, am wenigsten Naturwissenschaft, möglich wäre. Schließlich ist doch auch die Annahme bloßer Empfindungen als letzter Wirklichkeitselemente nicht weniger metaphysisch als diejenige von Atomen, Monaden, Seelen oder Geistern. Ja, diese Annahme führt auch den Begriff der Substanz wieder ein, den der Machsche Sensualismus glaubt beseitigen zu können, und damit erweist sich auch dieser Angriff gegen die Metaphysik als ein Schlag ins Wasser. Vgl. über Mach R. Hönigswald: „Zur Kritik der Machschen Philosophie. Eine erkenntnistheoretische Studie" (1903); B. Hell: „E. Machs Philosophie" (1907); H. Henning: „E. Mach als Philosoph, Physiker und Psychologe. Eine Monographie" (1915). —

Ein Anhänger von Avenarius und Mach ist Joseph Petzold (geb. 1862), Gymnasialprofessor in Spandau und Professor an der Technischen Hochschule in Charlottenburg: „Einführung in die Philosophie der reinen Erfahrung" (1899 und 1904); „Das Weltproblem vom Standpunkte des relativistischen Positivismus aus historisch-kritisch dargestellt" (1906, zweite Auflage 1912). Einen verwandten Standpunkt vertritt auch der Psychiater Theodor Ziehen (geb. 1862): „Psychophysiologische Erkenntnistheorie" (1898, zweite Auflage 1907); „Erkenntnistheorie auf physikalischer und psychophysiologischer Grundlage" (1912); ferner Richard Wahle (geb. 1857), vormals Professor der Philosophie in Czernowitz, der in „Das Ganze der Philosophie und ihr Ende. Ihr Vermächtnis an die Theologie" (1894) und „Über den Mechanismus des geistigen Lebens" (1906) einen auf die Spitze getriebenen Sensualismus vertritt und auf Grund desselben zur gänzlichen Verneinung aller Möglichkeit philosophischer Erkenntnis überhaupt, zum völligen philosophischen Nihilismus gelangt, sowie Hans Cornelius (geb. 1863), Professor der Philosophie in München und Frankfurt a. M., vgl. dessen „Einleitung in die Philosophie" (1903, zweite Auflage 1911).

Die Immanenzphilosophie.

Erfahren werden heißt Inhalt unseres Bewußtseins sein. So entsteht die Möglichkeit, das Problem einer reinen Erfahrungsphilosophie dadurch zu lösen, daß die gesamte Wirklichkeit rein als Inhalt einer für sich seienden Form des Bewußtseins aufgefaßt wird, und damit schlägt der Positivismus in die sogenannte Immanenzphilosophie um. Ihr Begründer und hervorragendster Vertreter ist der Greifswalder Professor der Philosophie

Wilhelm Schuppe

(1836—1913), der Verfasser der „Erkenntnistheoretischen Logik" (1878), der „Grundzüge der Ethik und Rechtsphilosophie" (1882) und des „Grundrisses der Erkenntnistheorie und Logik" (1894, zweite Auflage 1910).

Nach Schuppe ist alles Sein Bewußtsein. Aber vom Inhalte des Bewußtseins, wie er letztlich durch Empfindungen und Gefühle gebildet wird, unterscheidet er die Form des Bewußtseins, in welcher jene enthalten und mit der sie untrennbar verbunden sein sollen. Schuppe lehnt also die positivistische Annahme ab, daß auch das Ich nur aus Empfindungen bestehen soll, und erklärt es für ein durchaus eigenartiges, nicht weiter auf etwas anderes zurückführbares Prinzip, das den Träger und den Urgrund aller Dinge darstellt. So ist das Ich nicht räumlich oder im Raum enthalten, sondern aller Raum ist vielmehr nur im Ich enthalten. So gibt es aber auch keine Wirklichkeit unabhängig vom Ich und außerhalb des Ich, sondern alle Wirklichkeit ist eben bloße Bewußtseinswirklichkeit, nämlich entweder Form oder Inhalt des Bewußtseins. Wegen dieser Leugnung des Dinges an sich bezeichnet die Immanenzphilosophie ihren Standpunkt wohl als „erkenntnistheoretischen Monismus". Dabei gründet auch Schuppe jene Ablehnung von Dingen an sich, die er mit dem Positivismus teilt, auf die Zusammengehörigkeit von Subjekt und Objekt oder von Bewußtseinsform und Bewußtseinsinhalt. Ein außerbewußtes Objekt ist nach ihm ein Widerspruch in sich selbst, da es Objekte eben nur als Inhalte des Bewußtseins, in der logischen Entsprechung zum Subjekt gibt. Darin hat er zweifellos recht, aber diese Polemik gegen den transzendentalen Realismus zugunsten eines „umgekrempelten naiven Realismus" (v. Hartmann), der nicht, wie der gewöhnliche, die Dinge mit den Wahrnehmungen, sondern umgekehrt unsere Wahrnehmungen der Dinge mit den Dingen gleichsetzt, übersieht, daß das Ding an sich ja gar nicht Objekt, sondern etwas vom Objekt ganz und gar Getrenntes und Verschiedenes, nämlich ein außerbewußtes, bewußtseinsjenseitiges Etwas ist, durch dessen Einwirkung auf uns die Beschaffenheit des Objekts bestimmt wird, und folglich mit der Annahme eines solchen die Zusammengehörigkeit von Subjekt und Objekt auch in keiner Weise angetastet wird. Es ist aber offenbar ein unberechtigtes Vorurteil der Immanenzphilosophie, um metaphysischen Annahmen zu entgehen und die Wirklichkeit in bloße Erfahrung aufzulösen, das Sein von vornherein mit dem Bewußtsein gleichzusetzen. Schuppe selbst gibt die Existenz von anderen Menschen und Dingen außerhalb des Ich eines jeden zu, wennschon sie nicht wahrgenommen, sondern bloß erschlossen sein soll. Damit sind sie aber als Dinge an sich, unabhängig vom Ichbewußtsein anerkannt, während die entgegengesetzte Annahme unweigerlich den Solipsismus, die Behauptung der alleinigen Realität des eigenen Ich, zur Folge haben würde. Und wenn Schuppe, um dieser Folgerung zu entgehen und das Sein der Dinge zu erklären, die augenblicklich nicht im Bewußtsein sind, nachdem er es anfänglich mit Mill und Laas zu bloßen „Wahrnehmungsmöglichkeit" verflüchtigt hatte, es später einem über das individuelle Ich übergreifenden, allen Individuen gemeinsamen abstrakten Ich, einem „Bewußtsein überhaupt" zuweist, als dessen Inhalt die Dinge unabhängig vom Individualbewußtsein existieren sollen, und welchem der allen Individuen gemeinsame Bewußtseinsinhalt, die objektive Welt, angehören soll, so sind sie auch damit als Dinge an sich gekennzeichnet, ganz abgesehen davon, daß die Annahme eines solchen Allgemeinbewußtseins die Schranken der Erfahrung durchbricht und die Immanenzphilosophie in die unmittelbare Nähe der Metaphysik eines Fichte rückt. —

In der „Zeitschrift für immanente Philosophie" erhielt diese Richtung im Jahre 1895 ein eigenes Organ unter der Leitung Schuppes, von der aber nur vier Bände erschienen sind. Außer Anton v. Leclair (geb. 1848): „Beiträge zu einer monistischen Erkenntnistheorie" (1882); „Lehrbuch der allgemeinen Logik" (1894, dritte Auflage 1903), ist als Vertreter der Immanenzphilosophie Richard v. Schubert-Soldern (geb. 1852) zu erwähnen. In seinen Schriften: „Grundlagen einer Erkenntnistheorie" (1884), „Grundlagen zu einer Ethik" (1887), „Das menschliche Glück und die soziale Frage" (1896) vertritt dieser einen „erkenntnistheoretischen Solipsismus" in dem Sinne, daß er die Existenz eines die Bewußtseinsinhalte habenden besonderen Ich verneint, den Bewußtseinszusammenhang für ein Letztes und Ursprüngliches erklärt und diesem auch das Ich zuordnet, ohne darum doch die Existenz anderer menschlicher Bewußtseine zu leugnen. —

Einen der Immanenzphilosophie verwandten Standpunkt, obwohl er nicht zu ihr gerechnet werden will und obschon er kein Gegner der Metaphysik ist, wie die bisher Genannten, nimmt der Greifswalder Professor

Johannes Rehmke

(geb. 1848) ein. Zwar verwirft auch er alles jenseits des Bewußtseins Liegende und erklärt es für ein „sinnloses Wort", dafür tritt er aber in seinem „Lehrbuch der allgemeinen Psychologie" (1894, zweite Auflage 1905), „Die Seele des Menschen" (1902, vierte Auflage 1914), sowie in der „Philosophie als Grundwissenschaft" (1910) um so entschiedener für das absolute Bewußtsein (im Sinne Fichtes) ein, das für alle Individuen die gemeinsame Bewußtseinsform und, als das absolute Subjekt, der Erzeuger ihres Inhalts sein soll. Hiernach sind alle Einzelseelen ihrer Form nach untereinander sowie mit dem absoluten Subjekt gleich und nur ihrem Inhalte nach verschieden. Sie sind ungeschaffen, ewig in formaler, geschaffen in inhaltlicher Hinsicht, und die Bestimmtheit ihres Bewußtseinsinhalts ist eine solche der Ausdehnung, Dinglichkeit, Materialität und Leiblichkeit. Daraus folgt, daß die Individualseele nur als solche materiell oder leiblich bedingt, während das absolute Bewußtsein immateriell, daß nur dieses aktiv und schöpferisch, jene hingegen absolut unschöpferisch und passiv ist. Der Mensch ist also hiernach kein Einzelwesen, sondern eine Verknüpfung solcher, ein eingeschränktes absolutes Subjekt, das seine Seele bildet und diese mit dem Leibe zusammenschließt, wobei Rehmke sich zum Prinzip der Wechselwirkung bekennt und die Zurückführung der Kausalität auf bloße mathematische Funktionalbeziehungen verwirft. Das Wirkliche ist das Wirkende. Dies aber ist nichts Einzelnes, sondern ein Allgemeines, es fällt mit dem absoluten Subjekt zusammen und erleidet, weil es selbst unveränderlich ist, auch keine Wirkungen. Die Philosophie ist die Grundwissenschaft, weil sie es im Gegensatze zu den Einzelwissenschaften bloß mit dem Allgemeinen, dem Gegebenen schlechtweg, mit Ding, Veränderung, Zahl, Seele usw. zu tun hat, und ihre Aufgabe besteht in der begrifflichen Darlegung der allgemeinsten Tatbestände des Bewußtseinsinhalts.

Dieser Standpunkt Rehmkes leidet unter der Schwierigkeit, daß er nicht zu erklären vermag, wie das absolute Bewußtsein sich zu den vielen gegeneinander abgeschlossenen Individualbewußtseinen einschränken kann, noch woher es kommt, daß diese ebensowenig ineinander wie in das absolute Bewußtsein hineinschauen können, obschon sie doch alle dieselbe Bewußtseinsform besitzen. Er macht sich überdies einer unmöglichen Verselbständigung des Bewußtseins schuldig, das doch nur eine bloße Abstraktion, nämlich der Form des Bewußtseins von Inhalte des Bewußtseins, ist, indem er die Form zum schöpferischen Prinzip des Inhalts, diesen zu einer Bestimmtheit der ersteren macht (Kants „Subreption des hypostasierten Bewußtseins"), und verstößt damit gegen den ersten Grundsatz aller erkenntnistheoretischen Überlegung, daß es kein Subjekt ohne Objekt und umgekehrt gibt und beide erst in dieser untrennbaren Zusammengehörigkeit und Entsprechung den Charakter des Bewußtseins bestimmen.

Der Neukantianismus.

Ein Hauptbeweggrund aller positivistischen und immanenten Philosophie ist der, in einer wesentlich durch die Naturwissenschaft bestimmten Zeit sich gut mit deren Vertretern zu stellen. Daher ihr Pochen auf die reine Erfahrung, ihre Verwerfung der Metaphysik, ihr Liebäugeln mit dem Materialismus, wie es sich mit Ausnahme Rehmkes bei sämtlichen der bisher angeführten Denker dieser Richtung findet.

Auch der Neukantianismus, die umfassendste und einflußreichste philosophische Bewegung im letzten Drittel des 19. Jahrhunderts, ist nicht zuletzt aus dem gleichen Bestreben hervorgegangen, das verlorene Ansehen bei den Naturforschern, deren Verachtung aller Philosophie in den sechziger und siebenziger Jahren aufs höchste gestiegen war, durch möglichstes Entgegenkommen zurückzugewinnen und das Recht der Philosophie den exakten Wissenschaften gegenüber zu behaupten.

Gewiß waren die Neukantianer nicht die ersten, die einen näheren Anschluß der Philosophie an Kant verlangten. So hatte insbesondere Weiße schon 1847 in einer akademischen Rede[1]) auf Kant verwiesen, und auch sonst war das Bewußtsein nicht erloschen, daß man, um sich den Irrtümern des nachkantischen spekulativen Idealismus zu entwinden, wieder an jenen anzuknüpfen habe. 1855 wies der Physiker und Physiologe

Hermann Helmholtz

(1821—1894) in seinem Vortrage „Über das Sehen des Menschen" auf Kant als auf einen Philosophen hin, der, ohne sich mit der Naturwissenschaft seiner Zeit in Gegensatz zu setzen, in strenger Festhaltung an dem erfahrungsmäßigen Charakter aller Wirklichkeitserkenntnis die Philosophie durch die Untersuchung der Quellen unseres Wissens und den Grad seiner Berechtigung gefördert habe, und gab auch sonst in seinen Vorträgen und hervorragenden Werken: „Die Lehre

[1]) Vgl. über ihn meine „Philosophie im zweiten Drittel des 19. Jahrhunderts".

von den Tonempfindungen" (1863, sechste Auflage 1913), „Handbuch der physiologischen Optik" (1856—1866, dritte Auflage 1909—1911) seiner Verehrung für den Verfasser der „Vernunftkritik" Ausdruck. Glaubte er doch, in den Ergebnissen seiner Untersuchungen über die Grundvoraussetzungen der Physik über die Axiome der Geometrie sowie vor allem in seinen sinnespsychologischen Untersuchungen eine Bestätigung der Kantischen Lehren erblicken zu dürfen, wonach die Welt bloß eine durch unsere eigentümliche Organisation, die Helmholtz als eine wesentlich physiologische auffaßte, bedingte Erscheinung darstellt und wir keine Erkenntnis des Jenseits unserer Erfahrungswelt besitzen. Alle Erkenntnis gründet sich auf Empfindungen. Diese aber sind Wirkungen, die durch äußere Ursachen in unseren Sinnesorganen hervorgerufen werden und ebensowohl vom erregenden Gegenstande wie vom aufnehmenden Sinnesapparate abhängen. Sie sind „Zeichen" jenes Gegenstandes, nicht sein Abbild, spiegeln aber doch die Gesetzmäßigkeit der wirklichen Welt insofern wider, als der gleiche Gegenstand unter gleichen Umständen das gleiche Zeichen hervorruft und ungleichen Zeichen ungleiche Einwirkungen entsprechen. Dabei hält auch Helmholtz Raum und Zeit mit **Kant** für bloß subjektiv, ohne doch die geometrischen Axiome, wie jener, für unabhängig von der Erfahrung anzusehen, da wir imstande sind, auch andere als euklidische Räume uns vorzustellen. Einen näheren Beweis für die bloße Subjektivität von Raum und Zeit gibt er indessen nicht und scheint sowohl in dieser wie in anderer Beziehung in seiner Stellung zu **Kant** mehr durch **Schopenhauers** Auffassung dieses Philosophen als durch **Kant** selbst bestimmt zu sein. —

Überhaupt hat **Schopenhauer**, der in den sechziger und siebenziger Jahren in Aufnahme kam, durch sein entschiedenes Eintreten für **Kant** nicht wenig dazu beigetragen, die Aufmerksamkeit auf diesen hinzulenken. 1860 erschien **Kuno**

Fischers großes Werk über Kant. 1862 forderte Eduard Zeller in seiner Schrift „Über Bedeutung und Aufgabe der Erkenntnistheorie" die Aufnahme erkenntnistheoretischer Forschungen (der Ausdruck „Erkenntnistheorie" stammt von ihm) und betonte die Notwendigkeit, durch Rückgang auf Kant, aber unter Vermeidung seiner Irrtümer, der Philosophie eine sichere Grundlage zu verschaffen. Und endlich gab Otto Liebmann 1865 in seiner Schrift „Kant und die Epigonen" dadurch den entscheidenden Anstoß zu einer Wiederaufnahme der Kantischen Philosophie, daß er mit einer Entschiedenheit, wie keiner vor ihm, den Ruf „Zurück zu Kant!" erhob.

Und nun entwickelten die Philosophen an den Universitäten in dieser Richtung eine Betriebsamkeit, die alle bisherigen Bemühungen um die Aufrechterhaltung ihres Ansehens gegenüber dem herrschenden Zeitgeist in den Schatten stellte. Kant wurde der Modephilosoph der Zeit. Mit unermüdlichem Eifer warf man sich auf das Studium seiner Werke und suchte seine Lehren für die eigene philosophische Anschauung fruchtbar zu machen. Eine Kantphilologie entstand. Hans Vaihinger schrieb einen umfänglichen „Kommentar zur Kritik der reinen Vernunft" (1891—1892), der in seinen beiden Bänden jedes in Frage kommende Problem mit gründlichster Sachkenntnis und eindringlichstem Scharfsinn zur Erörterung brachte, leider nur über die Behandlung der „transzendentalen Ästhetik" nicht hinausgelangt ist. Kants eigene philosophische Entwickelung sowie die Vorgeschichte des Kritizismus wurde auf das eingehendste durchforscht, seine Philosophie nach allen Richtungen in unzähligen Schriften und Doktorarbeiten behandelt, die zu übersehen allein beinahe ein Menschenleben erfordert. Man veröffentlichte seinen literarischen Nachlaß, gab eine Ausgabe seiner Werke nach der anderen heraus und krönte diese Tätigkeit durch die große Kantausgabe der Preußischen Akademie der Wissenschaften. Endlich gründete Vaihinger im Jahre 1896 die Zeitschrift „Kantstudien“ (seit 1904 unter der Schriftleitung von Bruno Bauch) sowie im Jahre 1904 die „Kantgesellschaft“ zur geldlichen Stütze der Kantstudien und war sich mit alledem bewußt, der deutschen Philosophie den größten Dienst geleistet und das Ansehen der Philosophie gegenüber ihrer Verachtung von seiten des herrschenden naturwissenschaftlich bestimmten Zeitgeistes in großartigster Weise gerettet zu haben.

Dieser Anspruch war insofern auch durchaus gerechtfertigt, als die Erkenntnistheorie in der bisherigen Philosophie auffällig vernachlässigt worden war und besonders diejenige Kants noch lange nicht die gebührende Berücksichtigung gefunden hatte. Wenn nur der Rückgang auf Kant die betreffenden Philosophen nicht zu einer nur durch die Rücksicht auf die Naturforscher begreiflichen ungerechten Herabsetzung seiner großen Nachfolger, eines Fichte, Schelling und Hegel, verleitet, ihre Abneigung gegen die Metaphysik zum unerschütterlichen Dogma ausgebildet, sie völlig dem Skeptizismus in die Arme geführt und die einseitige Beschäftigung mit Kant eine Scholastik ins Leben gerufen hätte, die an Gedankenarmut, Unfruchtbarkeit und Spitzfindigkeit hinter derjenigen des Mittelalters nicht zurücksteht! Man übersah oder wollte es nicht sehen, daß Kant ja gar nicht die Metaphysik überhaupt, sondern nur die deduktive, apriorische Metaphysik seiner Zeit verworfen hatte, die aus reiner Vernunft zweifellos gewisse Aussagen über das Transzendente glaubt gewinnen zu können, ja daß Kant überhaupt gar nicht die Erkenntnis rein als solche, sondern nur die apriorische Erkenntnis, die auf apodiktische Gewißheit Anspruch erhebt, zum Gegenstande seiner Untersuchungen gemacht hatte und folglich seine Einwände gegen die Metaphysik eine andere als die deduktive auch nicht treffen konnten. Man setzte sich darüber hinweg, daß der erkenntnistheoretische Idealismus der Vernunftkritik nur der Begründung einer apodiktischen Wirklichkeitserkenntnis dienen, daß die Gleichsetzung der Vernunft mit dem Bewußtsein, dessen Erhebung zum Subjekt der Kategorien und die hiermit gegebene Einschränkung der Denkformen auf die Grenzen des Bewußtseins, der Ausschluß des Dinges an sich usw. wieder nur dem Idealismus die Unterlage bieten sollten[1]). Man las aus Kant nur das heraus, was zur Begründung des eigenen metaphysikfeindlichen und skeptischen Standpunktes dienen konnte, und verstand es, durch beinahe unumschränkte Beherrschung der Katheder entgegengesetzte Denkweisen von den philosophischen Lehrstühlen möglichst fernzuhalten und Kant zum Philosophen schlechthin emporzuphantasieren. So leistete der Neukantianismus, ohne es zu wollen, dem unphilosophischen Zeitgeist Vorschubdienste und drückte trotz alles äußeren Gehabens und alles Anscheins vom Gegenteil die allgemeine philosophische Höhenlage nur immer tiefer, so tief herunter, daß gegen das Ende des Jahrhunderts der äußerste Grad des allgemeinen philosophischen Niederganges tatsächlich als erreicht angesehen werden konnte.

Als philosophischer Begründer des Neukantianismus darf

Friedrich Albert Lange

(1828—1875), Professor der Philosophie in Zürich und Marburg, angesehen werden. Seine „Geschichte des Materialismus und Kritik seiner Bedeutung in der Gegenwart" (1866, achte Auflage 1908) verfolgt wesentlich den Zweck, den Materialismus mit Hilfe des subjektiven Idealismus zu überwinden. Er erblickt in ihm zwar die einzige annehmbare Me-

[1]) Vgl. meine „Philosophie im ersten Drittel des 19. Jahrhunderts" und „Kants Naturphilosophie als Grundlage seines Systems" (1894); ferner E. v. Hartmann: „Kants Erkenntnistheorie und Metaphysik in den vier Perioden ihrer Entwicklung", 1894, eines der vorzüglichsten Werke zum Verständnis Kants, das aber wegen seiner abweichenden Stellung von der üblichen Kantvergötterung fast unberücksichtigt geblieben ist.

taphysik, versetzt ihn aber aus der metaphysischen Sphäre in diejenige der subjektiven Erscheinung und meint, ihn damit zu einer kritisch begründeten Wahrheit zu erheben. Es ist dies genau die Stellung dem Materialismus gegenüber, die auch Schopenhauer eingenommen hatte, mit welchem Lange auch sonst mehr Übereinstimmungen aufweist, als man dies nach seinem sonstigen Verhalten zur spekulativen Philosophie und seinem Schweigen über Schopenhauer erwarten sollte, und sie leidet auch bei ihm an dem gleichen Widerspruche, daß nach ihr das Bewußtsein ein Erzeugnis der materiellen Organisation des Gehirns, das Gehirn aber wieder nur eine subjektive Erscheinung im Bewußtsein, mithin die Wirkung, das Bewußtsein, die Ursache ihrer eigenen Ursache, des Gehirnes, sein soll. Mit Kant ist Lange einig in der Annahme der Apriorität der Anschauungsformen Raum und Zeit sowie der Kategorien oder Denkformen, die er darum, ebenso wie jener, für bloß subjektiv erklärt, ohne ein klares Bewußtsein der Gründe, die Kant zu diesem Schritt veranlaßt haben. Die Sinnenwelt betrachtet er in Übereinstimmung mit Helmholtz für ein bloßes Erzeugnis unserer Organisation und die sichtbaren Organe unseres Körpers gleich allen andern Teilen der Erscheinungswelt nur für Bilder eines von ihnen selbst verschiedenen Realen. Trotzdem leugnet er die Erkennbarkeit der „transzendentalen Grundlage unserer Organisation", verwirft er die Existenz des Dinges an sich im Sinne eines positiven Noumenons, indem er es für einen bloßen „negativen Grenzbegriff" erklärt, und erblickt er in ihrer Annahme eine unentrinnbare Illusion unseres Verstandes, obschon er auf der andern Seite doch auch nicht leugnen kann, daß es ein reales Etwas als Ursache unserer Erscheinungswelt geben muß, und obschon er der Kausalität jede Geltung jenseits des Bewußtseins abspricht. Daß dieser Standpunkt einer agnostischen Ignoranztheorie in bezug auf die eigentliche Wirklichkeit, den Hartmann wegen seiner Verschrobenheit und seiner ungeheuerlichen Widersprüche mit Recht als „Konfusionismus" bezeichnet hat, zumal auch in den Kreisen der Naturforscher hat Anklang finden und als „Versöhnung" zwischen Philosophie und Naturwissenschaft hat gefeiert werden können, begreift sich wohl nur aus der Verachtung, die Lange auf Schritt und Tritt der Metaphysik bezeigt, und der Art, wie er gleichzeitig dem Materialismus und der mechanistischen Weltanschauung schmeichelt. Sie hätten sich sonst sagen müssen, daß dieser Vertreter einer „Psychologie ohne Seele", zu welcher Lange sich wegen seiner phänomenalistischen Auffassung des Seelenlebens bekennt, und einer Naturwissenschaft ohne reale Materie in Wahrheit der Naturforschung ebenso den Boden unterweg zieht, wie er durch seine skeptische Ignoranztheorie die Möglichkeit der Metaphysik beseitigt.

Beseitigt er sie tatsächlich? Aber er leugnet ja nicht die Wirklichkeit einer „intelligiblen Welt", nur möchte er alle Versuche, deren Beschaffenheit zu bestimmen, für reine Phantasien angesehen wissen. Und obschon er die Metaphysik für eine bloße „Begriffsdichtung" erklärt, soll sie doch kein bloßes Spiel talentvoller Willkür, sondern eine „notwendige und aus den innersten Lebenswurzeln der Gattung hervorbrechende Geburt des Geistes, der Quelle alles Hohen und Heiligen (!) sein, deren Bedeutung sich nicht nach wissenschaftlichen Gesichtspunkten, sondern lediglich nach den erhebenden Wirkungen bemißt, die sie auf das menschliche Gemüt ausübt". Damit wäre dann nach Lange auch zugleich eine befriedigende Lösung des religiösen Problems gegeben. „Wir sind also", wie Hartmann hierzu bemerkt, „gezwungen, eine metaphysische Weltanschauung (ebensogut wie eine Religion) wohl zu haben, trotzdem es uns kritisch unmöglich geworden ist, an sie zu glauben. Wir sollen zwar aus der Erkenntnistheorie gelernt haben, daß alle spekulative Philosophie nur Begriffsdichtung, also als Philosophie genommen bloße Illusion sei; aber wir sollen uns der so bewußt gewordenen Illusion beileibe nicht entschlagen, sondern dieselbe als bewußte Illusion weiter konservieren und kultivieren. Wir sollen uns stets gegenwärtig halten, daß es vergebliche Mühe ist, nach Wahrheit zu forschen (die uns selbst als Wahrscheinlichkeit unerreichbar bleibt); aber wir sollen trotzdem nicht aufhören, Systeme zu dichten, als ob sie Wahrheit wären. Ja, sogar auf der bewußten Selbsttäuschung dieser Fiktionen sollen (wie bisher auf der vorausgesetzten Wahrheit der Metaphysik) die höchsten Güter der Menschheit, Religion und Sittlichkeit, ruhen und sich gründen. Die bisher unbewußte Illusion sollen wir als ‚bewußte Illusion', als ‚eine Art bewußter Selbsttäuschung', wissentlich, d. h. als Lüge, festhalten; diese Lüge sollen wir hätscheln und die edelsten Kräfte unseres Geistes auf ihre Ausbildung und Ausschmückung verwenden; auf dem Fundament der so gehätschelten Lüge sollen wir das Gebäude der Religion und Sittlichkeit errichten, das unser Verhalten zum Absoluten und zu den Mitmenschen bestimmt, die Lüge soll die Basis unseres gesamten praktischen Verhaltens, unseres höheren Trieb-, Gefühls- und Vorstellungslebens bilden. Diese Zumutungen sind nicht nur aberwitzig und absurd, sie sind auch tief unsittlich und verwerflich"[1]). —

In der Hauptsache stimmt mit Lange überein

Hans Vaihinger

(geb. 1852), Professor der Philosophie in Halle, in seiner Schrift „Hartmann, Dühring und Lange" (1876). Dieser erblickt im kritischen Skeptizismus das eigentliche Ergebnis der Kantischen Erkenntnistheorie und in Langes Philosophie die Philosophie der Zukunft, während die Systeme Hartmanns

---

[1]) „Neukantianismus, Schopenhauerianismus und Hegelianismus in ihrer Stellung zu den philosophischen Aufgaben der Gegenwart," 1877, S. 83.

und Dührings nur ein letztes Aufflackern der idealistischen bzw. materialistischen Metaphysik darstellen. Hartmann hat in der eben genannten Schrift zu diesem Standpunkte Stellung genommen und Vaihinger hierauf in den Jahren 1876—1878 seine bezüglichen Ansichten eingehend im Zusammenhang entwickelt, um diese Ausführungen alsdann im Jahre 1911 unter dem Titel „Die Philosophie des Alsob, System der theoretischen, praktischen und religiösen Fiktionen der Menschheit auf Grund eines idealistischen Positivismus" herauszugeben (dritte Auflage 1920).

Vaihinger dehnt hier die Fiktionstheorie, die Lange nur für die Metaphysik gelten läßt, auf das ganze Gebiet der Wissenschaft überhaupt aus. Wie nach Lange der Wert der Metaphysik sich nur nach ihrer praktischen Bedeutung richtet, so ist nach Vaihinger die gesamte Erkenntnis nur ein intellektuelles Mittel im Kampfe mit der Außenwelt, das den höchsten biologischen, aber keinerlei Wahrheitswert besitzt. Alle unsere Begriffe sind Fiktionen, d. h. Vorstellungsgebilde, die der Wirklichkeit an sich selbst nicht entsprechen, wofern sie ihr nicht geradezu widersprechen, und folglich ist jede Erkenntnis der Wirklichkeit im eigentlichen Sinne unmöglich. „Unser Vorstellungsgebilde der Welt ist ein ungeheures Gewebe von Fiktionen, voll logischer Widersprüche"; damit ist die widerspruchsvolle Beschaffenheit der Langeschen Philosophie für die höchste Wahrheit selbst erklärt. Das einzige Objektive, was es gibt, die „letzte unmittelbare Wirklichkeit", „das wahre letzte Sein", sind Empfindungen, genauer Empfindungssukzessionen und Koexistenzen. Die einzige Erkenntnis ist die Einsicht in die notwendigen Aufeinanderfolgen und Gleichzeitigkeiten des Geschehens, in die beobachtbare Unabänderlichkeit der Erscheinungen. Auch die Kategorien führen uns hierüber nicht hinaus, denn auch sie sind „nichts als bequeme Hilfsmittel, um die Empfindungsmassen zu bewältigen", aus diesem praktischen Bedürfnis heraus entstanden und bestimmt durch die verschiedenen Äußerungsarten des Seienden, denen sich die „Seele“ mit jenen Formen, wenn auch oft in recht äußerlicher Weise, anpaßte. Dabei schreibt Vaihinger jedoch den Begriffen der Einheit, Vielheit, des Daseins objektive Bedeutung zu, läßt demnach einfache Wahrnehmungsurteile über vorhandene Empfindungen als Wahrheit gelten, wie er denn auch von den Begriffen des Dinges mit seinen Eigenschaften, der Kausalität, des Grundes und der Folge den weitestgehenden Gebrauch macht, ohne auf ihren fiktiven Charakter zu bestehen, und auch das Dasein einer von unserer Bewußtseinswelt verschiedenen Außenwelt, von empfindenden Wesen und ihren Wirkungen aufeinander nicht bestreitet.

Daß hiermit die reale Gültigkeit der Kategorien doch wieder zugestanden ist, die Vaihinger als Fiktionen behandeln möchte, leuchtet ohne weiteres ein. Mit der Annahme einer Mehrheit aufeinander wirkender Wesen ist nicht bloß den Kategorien der Substantialität und Kausalität, sondern auch der Zahl und Zeit eine reale Bedeutung zugeschrieben. Mit der Einräumung empfindender Wesen hören die Empfindungen auf, bloße „objektive“ Gebilde zu sein, und werden zu Objekten oder Bewußtseinsinhalten ihnen zugehöriger realer Subjekte, die den Empfindungen als Träger zugrunde liegen und die Empfindungen erleben, ohne daß die Subjekte selbst wieder bloße Fiktionen sein können, da in diesem Falle das die Fiktionen hervorbringende Subjekt sich selbst fingieren, das Erzeugnis seinen Erzeuger erst erzeugen müßte. Nach Vaihinger, der auch das Subjekt der Vorstellungstätigkeit, ebenso wie deren Objekt, für eine bloße Fiktion erklärt, soll ein fingiertes Subjekt eine Welt der Fiktionen ins Leben rufen, ein Widerspruch, der u. a. auch darin zum Ausdruck gelangt, daß nach ihm, ähnlich wie bei Lange, die Bewußtseins- oder Empfindungswelt ein Gebilde sein soll, welches organische Wesen dieser Welt als „letzte Blüte des kosmischen Geschehens" aus sich heraustreiben soll, um sich in ihr zu orientieren, während doch diese organischen Wesen selbst nur bloße Empfindungen oder Bewußtseinsinhalte sein sollen (!).

Dabei betrachtet Vaihinger, auch hierin in Übereinstimmung mit Lange, die gesamte Erscheinungswelt überhaupt am Ende nur als das abgeleitete Erzeugnis einer „wahren Welt", die uns auf ewig verschlossen sein soll, obwohl wir selbst zu ihr gehören, auf sie wirken, Wirkungen von ihr empfangen und Vaihinger nicht umhin kann, sie von einer „unwandelbaren Gesetzmäßigkeit beherrscht" sein zu lassen, also ihr einen objektiv logischen Charakter zuzuschreiben. Man versteht aber weder, wie das Denken als bloße „organische Funktion" im Sinne des Materialismus, als bloßer positiver Ablauf von Empfindungen die Empfindungen „bearbeiten" und das Material unserer Vorstellungen so unter sich in Übereinstimmung bringen kann, daß wir das objektive Geschehen berechnen und danach unser Leben einrichten können, noch wie aus bloßer (alogischer) Sukzession und Koexistenz von Empfindungen sich das vielverschlungene Gewebe der logischen Beziehungsarten und Denkformen entwickeln kann, dessen wir zum Leben bedürfen, noch endlich wie ein bloß fiktives Denken Beziehungsformen zu erzeugen vermag, die nichtsdestoweniger mit dem objektiven Geschehen zusammenstimmen, und Urteile zu bilden imstande ist, die sich trotz des widerspruchsvollen Charakters ihrer begrifflichen Bestandteile als lebensdienlich und wahr erweisen. Wenn es, wie Vaihinger behauptet, überhaupt keine Wahrheit gibt, so hat auch seine eigene „Philosophie", die verlangt, die Dinge so zu betrachten, als ob es solche gäbe, keine Wahrheit und ist nur ein müßiges Spiel des Witzes und des Scharfsinnes ihres Begründers. In jedem Falle ist es Vaihinger nicht gelungen, mit ihr über die Widersprüche und Unklarheiten des Langeschen Standpunktes hinauszukommen. Ihr Verdienst liegt in der gründlichen Untersuchung der Rolle, welche die Fiktionen auf den verschiedenartigsten Gebieten des Lebens spielen, ohne daß er doch den rein fiktiven Charakter alles unseres Denkens bewiesen hätte, und das ablehnende Urteil, das Hartmann über seinen skeptischen Nihilismus vom Jahre 1876 fällt, trifft im wesentlichen auch die „Philosophie des Alsob" genau so, wie dessen oben angeführte Worte über seinen vermeintlichen praktischen Idealismus[1]). —

Daß Kant alle Metaphysik als unmöglich erwiesen habe, ist auch die Ansicht von

Alois Riehl

(geb. 1844), Professor der Philosophie in Freiburg, Kiel, Halle und Berlin, wie er dies vor allem in „Der philosophische Kritizismus und seine Bedeutung für die positiven Wissenschaften" (1876—1879, zweite Auflage 1908) dargelegt hat. Siehe auch dessen Schrift „Zur Einführung in die Philosophie der Gegenwart" (1903, siebente Auflage 1913). Metaphysik hat nach Riehl eine Berechtigung nur als kritische, negative Disziplin,

---

[1]) „Man kommt", schrieb Hartmann damals über jenen Standpunkt, „zu einem unphilosophischen vulgären Skeptizismus und praktischen Materialismus, in welchem der Geist in der Leugnung und Verhöhnung seiner selbst seine Triumphe feiert, zu einem unphilosophischen marasmus senilis mit jener facies hippocratica, wie sie uns aus dem Standpunkte des gebildeten Japanesentums oder der Sozialdemokratie anstarrt. So gewendet erscheint dieser Skeptizismus als ein modernes Lotterbett der faulen Vernunft, von dem herab jeder Student nach einem Semester die armen Teufel von Philosophen vornehm und spöttisch belächeln kann in dem behaglichen Glauben, in dieser so leicht zu begreifenden Skepsis der Weisheit letzten Schluß und namentlich die Quintessenz des hochgepriesenen Kant in sich aufgenommen zu haben, der doch nun einmal heutzutage Mode ist" (a. a. O. S. 25 f.). Daß Vaihinger sich veranlaßt gesehen hat, die „Philosophie des Alsob", die eigentlich erst postum erscheinen sollte, in unseren Tagen zu veröffentlichen, weil die geistige Lage der Gegenwart ihr entgegenkommt, und der Anklang, den dies Werk in der Gegenwart gefunden hat, zeigt, wie wir es unter dem Einflusse der skeptischen Geistesrichtungen in philosophischer Beziehung „so herrlich weit" gebracht haben, und was von der „geistigen Lage" der Gegenwart zu halten ist.

als Theorie der Grenzbegriffe der Erfahrung. Wissenschaftliche Philosophie ist nicht mehr als Weltanschauungslehre, sondern nur noch als Erkenntnistheorie möglich; alle übrige Philosophie hingegen ist „unwissenschaftlich" und ist durch die positiven Wissenschaften zu ersetzen. Trotzdem ist Riehl kein Positivist. Er hält mit Kant an der Apriorität der Hauptgrundsätze der Physik fest, wie er denn die Theorie der naturwissenschaftlichen Erkenntnis von diesem Standpunkte aus mit besonderer Sorgfalt behandelt hat, und bekennt sich im Gegensatze zu Lange zu einer realistischen Auffassung der Vernunftkritik, indem er das Ding an sich für einen unaufhebbaren Bestandteil des Kritizismus ansieht, ohne welches, wie er mit Recht bemerkt, alle Erkenntnis zu einem bloßen Spiel des Geistes herabgesetzt wird.

Nach Riehl sollen die durch die Empfindungen betätigten Innervationsgefühle die einzige Grundlage unserer Überzeugung von der Wirklichkeit der Dinge bilden, die Empfindungen bloße Zeichen, nicht Abbilder der Dinge, diese selbst hingegen ihrer qualitativen Beschaffenheit nach für uns gänzlich unerkennbar sein, und dies, obschon sie, unserer räumlichen Wahrnehmung entsprechend, als derartig koexistierend angesehen werden müssen, daß sie eine dreifache Mannigfaltigkeit bilden, von welcher Riehl nicht bewiesen hat, daß sie nicht mit unserm Raume übereinstimmt. Nur daß es Dinge gibt, die uns affizieren, nicht was sie sind, sollen wir erkennen können (negativer Dogmatismus!); und dabei soll das transzendent Reale nicht bloß jenseits unserer Empfindungen, sondern auch hinter unserem inneren seelischen Leben stehen, das, weil es in der Zeit verläuft, eben auch nur eine bloße subjektive Erscheinung sein soll. Daß ein Affizieren ohne Zeitlichkeit undenkbar ist, die Zeitlichkeit mithin unmöglich eine bloß subjektive Geltung haben kann, falls das Ding an sich eine Bedeutung für unser Erkennen besitzen soll, und daß seine Existenz hinter dem Bewußtsein das Reale als unbewußte seelische Tätigkeit bestimmt, läßt Riehl nicht gelten. Er bemerkt nicht, daß die Annahme der bloßen Idealität der Zeit den Solipsismus bzw. den Illusionismus nach sich zieht, d. h. zur Leugnung aller Wirklichkeit und damit auch aller Erkenntnis führt. Er glaubt, den Solipsismus durch einen „sozialen Beweis" für die Realität der Außenwelt, der sich auf das Vorhandensein altruistischer Gefühle stützt, widerlegen zu können. Was aber seine Ablehnung der Metaphysik betrifft, so ist sie schon dadurch gegenstandslos, daß er einem Pluralismus wechselseitig aufeinander wirkender Realen zuneigt, den im einzelnen näher auszubauen ihn nur sein Kantisches Vorurteil von der bloßen Subjektivität der Denk- und Anschauungsformen hindert. Legt er doch selbst im einzelnen dar, daß es erst das zu den Empfindungen hinzukommende Denken ist, was aus Empfindungen Erfahrung macht und einen weiter reichenden Zusammenhang unter den Gegenständen ermöglicht, als die Empfindungen selbst hierzu ein Recht geben. Es ist aber gar nicht einzusehen, was das Denken zwingen sollte, bei der bloßen Erfahrung stehenzubleiben, da die Grenzen der Erfahrung schon mit der Einräumung auf uns wirkender Dinge überschritten sind und die genauere Untersuchung des Begriffs der Affektion unweigerlich in die Metaphysik hineinführt. Das Ich erklärt Riehl für die bloße Form der Vereinigung gewisser mehr oder weniger beharrlicher Gefühle und Empfindungen, die sich mit diesen zugleich verändert. Den psychophysischen Parallelismus läßt er, ebenso wie Jodl, nur als teilweisen in dem Sinne gelten, daß nur bestimmte organische Vorgänge von Bewußtseinserscheinungen begleitet sein sollen, während er den Panpsychismus, die Annahme einer Allbeseelung, als „Fetischglauben" ablehnt. Was aber seine praktische Philosophie betrifft, so nähert er sich einer „Philosophie der Werte", indem er dem Denken die Aufgabe stellt, nicht bloß das Wertleben zu beschreiben, sondern nach Nietzsches Vorgang selbst neue Werte aufzustellen und auf deren Verwirklichung den Willen der Menschen hinzulenken. —

Während die bisher genannten Neukantianer ein Ding an sich hinter der Erscheinungswelt zwar bestehen lassen, aber seine Erkennbarkeit leugnen, suchen andere völlig ohne ein solches auszukommen, so der Hamburger Pastor Albrecht Krause (1883—1903) in seinen „Gesetzen des menschlichen Herzens, wissenschaftlich dargestellt als formale Logik des reinen Gefühls" (1876), so auch der Gothaer Gymnasialprofessor und Dichterphilosoph Kurd Laßwitz (1848—1910), der Verfasser der „Geschichte der Atomistik vom Mittelalter bis Newton" (1889—1890) und der „Wirklichkeiten, Beiträge zum Weltverständnis" (1900, zweite Auflage 1903), der einen erkenntnistheoretischen Monismus oder Bewußtseinsmonismus im Sinne der Immanenzphilosophie vertritt. Ganz entschieden wird das Ding an sich auch verworfen von der sogenannten

Marburger Philosophenschule,

deren Begründer

Hermann Cohen

(1822—1917), der Nachfolger Langes auf dem Lehrstuhle der Philosophie in Marburg, ist.

Nachdem er in Schriften wie „Kants Theorie der reinen Erfahrung" (1871, zweite Auflage 1875), „Das Prinzip der Infinitesimalmethode und seine Geschichte" (1883), „Kants Begründung der Ethik" (1871, zweite erweiterte Auflage 1910) usw. sich historisch und kritisch mit Kant auseinandergesetzt und zugleich um eine Weiterbildung der Kantischen Philosophie bemüht hatte, hat er 1902 eine „Logik der reinen Erkenntnis" als ersten Teil eines eigenen Systems der Philosophie herausgegeben (zweite Auflage 1914) und diesem 1904 als zweiten Teil eine „Ethik des reinen Willens" (zweite Auflage 1907) und 1912 eine „Ästhetik des reinen Gefühls" hinzugefügt. Sein System will eine Wiederaufnahme und folgerichtige Durchführung der Kantischen Gedankenwelt sein; es stellt sich jedoch bei der Art, wie Kant von Cohen aufgefaßt wird, als eine völlige Neubegründung und eigentümliche Form des Kritizismus dar. Schon daß er die Zweiheit von Bewußtseinswelt und einer an sich existierenden realen Welt verwirft und das Ding an sich als unzulässige Verdoppelung, als gänzlich zu beseitigenden Fremdkörper in der philosophischen Erkenntnis ansieht, macht aus seinem Standpunkte etwas ganz anderes, als was uns bei Kant entgegentritt, obwohl von Cohen (sicher mit Unrecht) behauptet wird, daß auch Kant jenen Begriff niemals in realistischem Sinne, sondern immer nur als „negativen Grenzbegriff" (siehe oben unter „Lange") verstanden habe.

Nach Cohen existieren die Dinge nicht unabhängig von unserm Denken, sondern sie sind erst durch das Denken da, sie sind nur, sofern sie gedacht werden. Denken und Sein sind insofern eines und dasselbe: das Sein ist nur als ein von uns Gedacht-Sein. „Das Denken erschafft die Grundlagen des Seins." „Das Sein ruht nicht in sich selbst, sondern das Denken läßt es erst entstehen." Die Gedanken bilden das Sein nicht ab, sondern sie sind das Sein, und alles Sein ist nur das Sein des Denkens. Das Denken selbst ist das Ziel und der Gegenstand seiner Tätigkeit.

Wenn Riehl mit Kant in der Empfindung den Erkenntnisgrund für das Dasein einer bewußtseinsjenseitigen Welt erblickt, so will Cohen dies nicht gelten lassen. Er erklärt es für einen Grundfehler Kants, daß er dem Denken die Sinnlichkeit als gleichberechtigt zur Seite gestellt und das Denken nur auf

Grundlage des Sinnlich-Gegebenen habe in Tätigkeit treten lassen. Denn hiernach hat das Denken seinen Anfang in Etwas außerhalb seiner selbst. Das ist jedoch nach Cohen eine Beeinträchtigung der „ureigensten Selbständigkeit und Reinheit unseres Denkens". Auch die Empfindungen sind bloße Erzeugnisse des Denkens. Sie sind für das Denken gleichsam „Fragezeichen". Sie stellen bestimmte „Ansprüche an das Denken". Die Aufgabe des Denkens besteht darin, den Anspruch, den die Empfindung „stammelt", zur Aussprache zu bringen. Gegeben also sind uns keine Dinge, wie die gewöhnliche Auffassung meint, sondern nur das „Gestammel" der Empfindungen und das Denken, darauf gerichtet, die Empfindungen zu bestimmen, aus dem Chaos der Empfindungswelt einen Kosmos, einen geordneten Wirklichkeitszusammenhang, eine einheitliche und gesetzmäßig bestimmte Welt zu schaffen, und sich hierin allein als wissenschaftliches Denken zu erweisen.

Hiernach muß die Erkenntnistheorie nicht, wie Kant gemeint hat, mit der Anschauung, sondern mit dem Denken beginnen. Dabei ist unter diesem nicht etwa der psychologische Akt, sondern lediglich sein logischer Inhalt zu verstehen. Aufgabe der Logik ist es, die grundlegenden, erzeugenden Momente des reinen Denkens festzustellen. Das wahre Denken ist schöpferisch. Es ist ein „Denken des Ursprungs". Es bestimmt unmittelbar aus sich heraus die Gesetzmäßigkeit des wissenschaftlichen Gegenstandsbewußtseins, wie uns dieses in der reinsten Gestalt in der mathematischen Naturwissenschaft vorliegt. Diese bildet daher auch für Cohen die Grundlage aller übrigen Wissenschaften, ja, die eigentliche wahre Wissenschaft. Ihre logischen Bedingungen vermittelst der sogenannten „transzendentalen Methode" auszumitteln, stellt den wesentlichsten Inhalt alles erkenntniskritischen Philosophierens dar. Das Hauptinstrument der reinen Naturwissenschaft aber ist die Infinitesimalrechnung. Ihr hat daher auch Cohen seine besondere Aufmerksamkeit zugewendet und ihr eine eigene Stellung in der Logik zu verschaffen gesucht. Der Begriff des Unendlich-Kleinen ist eine Kategorie, ein notwendiges Bestandstück unseres Denkens, um den Begriff der Natur zu gewinnen. Andere Kategorien oder Grundrichtungen, nach denen sich unser Urteil über die Wirklichkeit vollzieht und ohne welche wir die Natur nicht denken können, sind Raum und Zeit, ferner Zahl, Bewegung, Erhaltung, Kausalität usw. Sie sind nicht, wie der Positivismus meint, aus der Erfahrung abgeleitet, denn sie können als solche nie erfahren werden. Sie sind eben nur begriffliche Voraussetzungen aller Erfahrung, Gesichtspunkte, unter welche die Erfahrung gerückt werden kann, und welche diese erst möglich machen. Sie sind folglich a priori, vor und unabhängig von aller Erfahrung; und sofern das Sein mit dem Denken dasselbe ist, stimmen die Grundformen beider miteinander überein. Vermittelst der Kategorien also löst das Denken die Aufgaben, die ihm von den Empfindungen gestellt werden. Der „kritische Idealismus", wie Cohen seinen Standpunkt nennt, besteht in der Erkenntnis, daß nicht die Empfindung, sondern nur das Denken uns die Wirklichkeit, die Existenz einer Welt verbürgt, sofern die wissenschaftliche Verarbeitung der Empfindungen die Gegenstände als solche hervorbringt. Nicht die gewöhnliche unbegriffene Wirklichkeit, sondern erst die vom Denken bearbeitete, begriffene ist hiernach die wahre Wirklichkeit. Die Dinge sind dem Denken nicht „gegeben", sondern „aufgegeben". Die Wissenschaft erst erzeugt die Wirklichkeit, ja, diese fällt geradezu zusammen mit der wissenschaftlichen Erkenntnis.

Dieser vielfach an Hegel erinnernde Rationalismus Cohens geht von der Voraussetzung aus, daß nur ein reines oder ursprüngliches Denken, ein Denken, das die Wirklichkeit erzeugt, indem es sie denkt, apodiktische Gewißheit liefern könne. Das Sein muß reines Denken sein, um rein, mit zweifelloser

Sicherheit erkannt werden zu können. Aber dieses Streben nach apodiktischer Wirklichkeitserkenntnis führt auch bei Cohen zu lauter unmöglichen Aufstellungen. Erfahrungsgemäß tritt das Denken erst in Tätigkeit im Gegensatze oder Widerspruche zu einem Alogischen. Man begreift aber nicht, wie das Denken imstande sein sollte, das Gegenteil seiner selbst zu setzen, und wie es so etwas wie Empfindung, Raum, Zeit, Bewegung usw. aus sich erzeugen kann, die doch etwas ganz anderes sind als Gedanken. Man versteht nicht, was das Denken dazu veranlassen sollte, Empfindungen zu „stammeln", nur um die Genugtuung zu haben, nachträglich einen Sinn in sein Gestammel hineinzubringen. Diese Voraussetzungen haben in der Kritik des Hegelschen Panlogismus längst ihre Erledigung gefunden, und es ist kein Fortschritt darin zu erblicken, wenn Cohen den metaphysischen Idealismus Hegels zu einem bloßen logischen Idealismus im Bewußtsein der denkenden Subjekte abschwächt. Der „kritische Idealismus" sperrt durch seine Leugnung des Dinges an sich alles Sein in die Grenzen des Bewußtseins endlicher Individuen ein. Indem er die Dinge für reine Erzeugnisse und Gespinste des menschlichen Denkens ansieht, indem er die Vernunft nur als subjektive des einzelnen Individuums kennt, erklärt er sie für bloße menschliche Begriffsgebilde. So aber hebt er den Zusammenhang, die Einheit, die Gesetzmäßigkeit, die Objektivität des Daseins dadurch auf, daß er alle diese Bestimmungen zu bloßen subjektiven Gedanken herabsetzt, und macht er die Wirklichkeit abhängig von dem jeweiligen Bestande und den Fortschritten der menschlichen Wissenschaft. Zu welchen absonderlichen und abenteuerlichen Folgerungen dies führt, hat August Messer in seinem Aufsatze „Der kritische Idealismus" [1]) gezeigt. Der kritische Idealismus verwickelt sich in den Widerspruch, daß er auch

---

[1]) Internationale Monatsschrift für Wissenschaft und Kunst 1911.

das Ich, das die gedankliche Wirklichkeit denkt, zu einem bloßen Gedanken herabsetzt: Münchhausen, der sich bei seinem eigenen Schopfe aus dem Wasser zieht! Er will kein bloßer subjektiver Idealismus, am wenigsten Solipsismus, sondern objektiver Idealismus sein, aber er führt unweigerlich zur Behauptung der alleinigen Wirklichkeit des eigenen Ich und weiterhin zum absoluten Illusionismus, d. h. zur gänzlichen Leugnung alles Seins, wie jede Auffassung, die das Ding an sich glaubt entbehren zu können. Das „wissenschaftliche Bewußtsein" aber, in welches sich alle Gegenstände und gegenständlichen Bestimmungen sollen einbeziehen lassen, kann seiner Wirklichkeit keine Objektivität verschaffen, ihn nicht vor dem Sturz in den Aberwitz bewahren, da es ja selbst eben nur an die Wirklichkeit der Individuen gebunden ist. Schließlich kann auch er der Annahme eines „Bewußtseins überhaupt" als des letzten Subjektes aller Denktätigkeit im Sinne der absoluten Vernunft eines Hegel und Trägers aller Wirklichkeit sich nicht entziehen. Diese Verselbständigung und Verabsolutierung der Bewußtseinsform gegenüber dem Inhalte des Bewußtseins aber ist, wenn das Allgemeinbewußtsein wirklich die objektive Wirklichkeit der Dinge verbürgen soll, auch hier so metaphysisch, daß sie alle Ablehnung der Metaphysik als einen Selbstwiderspruch verurteilt.

Wie die Logik die Bedingungen der exakten Naturwissenschaft, so untersucht die Ethik die Bedingungen des Sollens. Auch sie ist unabhängig von der Erfahrung, „denn durch Erfahrung kann nur ermittelt werden, was ist, nicht was sein soll". Moralisch aber ist ein Wollen rein um der Pflicht willen, ein sogenanntes „reines" Wollen. Auch darin stimmt Cohen mit Kant überein. Im übrigen ist seine Ethik durchaus sozialhumanitärer Art unter Ablehnung aller materialistischen, eudämonistischen, atheistischen und revolutionären Bestrebungen der Sozialdemokratie. Ihr Hauptbegriff ist der Begriff der

Menschenwürde. Cohen schließt sich hiermit, ebenso wie mit seiner Bewertung des Staates nicht als Selbstzwecks, sondern als Mittels zur Versittlichung der Gesellschaft, an den Humanismus des klassischen deutschen Zeitalters an, mit welchem er auch die Hinneigung zum Weltbürgertum teilt, ohne daß er doch, als Jude, die Eigenart der Nationen preisgeben möchte. Wie Kant, so zieht auch er alle Religion in die Sittlichkeit hinein, indem er auch den Gottesbegriff lediglich als Idee der vollkommenen Moralität versteht. Ihn zur Grundlage der Sittlichkeit zu machen, lehnt er schon deshalb ab, weil damit die menschliche Autonomie aufgehoben wäre. Damit ist er zweifellos im Recht, wenn Gott nur als überweltliche Persönlichkeit im Sinne des Theismus der israelitischen Propheten, nicht aber, wenn er, wie nach der Ansicht des idealistischen Monismus, als das „wahre Selbst" des Menschen aufgefaßt wird [1]). Schon die bloße Existenz Gottes zu behaupten, soll nach Cohen ein Überschreiten der Grenzen des menschlichen Erkennens sein, obschon jener Begriff diese Grenzen kaum in einem andern Sinne überschreiten dürfte, als derjenige eines „Bewußtseins überhaupt", des absoluten Subjekts alles Denkens, ohne dessen Annahme der kritische Idealismus rettungslos dem Solipsismus verfallen würde.

In der Ästhetik wird das Gefühl, und zwar das „reine" Gefühl, d. h. die „Liebe zum Menschen in der Totalität seines auch tierische Momente einschließenden Wesens", für das Organ der Kunst erklärt. Hier entfernt sich Cohen am weitesten von Kant. Aber wenn schon seine übrigen Werke in schwer verständlichem, gewundenem, vieldeutigem und teilweise schwülstigem Stile abgefaßt sind, so daß es oft kaum möglich ist, sich bei seinen Ausführungen überhaupt etwas Bestimmtes zu denken, so ist in diesem Werke ein Äußerstes an Dunkelheit und Begriffsspinnweberei geleistet. —

[1]) Vgl. mein Werk: „Die Religion als Selbst-Bewußtsein Gottes", 1906.

Ein bei weitem lesbarerer Schriftsteller als Cohen ist sein Marburger Gesinnungs- und Amtsgenosse

Paul Natorp

(geb. 1854). Auch er leugnet in „Die logischen Grundlagen der exakten Wissenschaften" (1910) das Gegebensein eines Wirklichen und erklärt die Wirklichkeit für bloße Denkbestimmung und Leistung eines reinen Denkens. „Tatsache" ist nichts anderes als eine „Verknüpfung der Denkbestimmungen", der Urakt des Erkennens ist ein „Akt des Bestimmens, der allem Sein, sofern es für das Denken vorhanden ist, das Gepräge der logischen Bestimmtheit gibt", eine Behauptung, die unanfechtbar ist, falls mit ihr nur ausgedrückt sein soll, daß aller Inhalt unseres Denkens den Gesetzen des Denkens gemäß verknüpft sein muß, aber gar nichts dafür beweist, daß alle Dinge nichts weiter als Gedanken seien. Dabei bleibt, da wir mit unserer begrifflichen Bestimmung der Gegenstände nie zu Ende kommen, die „Tatsache" auch nach Natorp stets Problem, eine nie ganz zu lösende Aufgabe, womit am Ende doch nichts anderes gesagt ist, als das Wunderliche, daß es wirkliche „Tatsachen" überhaupt nicht gibt und das Sein im eigentlichen Sinne niemals „ist" (!). Unter den zahlreichen Schriften Natorps, dessen Verdienste vor allem auf pädagogischem Gebiete liegen, verdienen eine besondere Erwähnung: „Religion innerhalb der Grenzen der Humanität. Ein Kapitel zur Grundlegung der Sozialpädagogik" (1894, zweite Auflage 1908); „Sozialpädagogik. Theorie der Willensbildung auf der Grundlage der Gemeinschaft" (1899, dritte Auflage 1909); „Platos Ideenlehre. Eine Einführung in den Idealismus" (1903), ein Buch, in welchem Natorp eine neue eigenartige Auffassung Platos vertritt und diesen als einen Kantianer vor Kant erscheinen läßt, sowie die „Allgemeine Psychologie nach kritischer Methode" (I. Bd. 1912).

Der Marburger Schule gehören an Karl Vorländer (geb. 1860), Oberlehrer in Solingen („Der Formalismus in der Kantischen Ethik in seiner Notwendigkeit und Fruchtbarkeit", 1893; „Kant und der Sozialismus", 1910; „Kant und Marx", 1911), und Franz Staudinger (geb. 1849), Gymnasialprofessor in Darmstadt, welche beide, ebenso wie Cohen und Natorp, eine philosophische Vertiefung der Sozialwissenschaft im Kantischen Sinne erstreben, letzterer besonders in „Die Gesetze der Freiheit, I. Bd. Das Sittengesetz" (1887, zweite Auflage 1897), „Ethik und Politik" (1899), „Wirtschaftliche Grundlagen der Moral" (1907), „Kulturgrundlagen der Politik" (1914). — Den Marburgern nahe stehen August Stadler (1850–1910), Professor am Polytechnikum in Zürich („Kants Teleologie", 1874; „Kants Theorie der Materie", 1883) und Rudolf Stammler (geb. 1856), Professor der Rechtswissenschaft in Halle, der ebenfalls die kritische Methode auf das sozial- und rechtswissenschaftliche Gebiet übertragen hat in „Wirtschaft und Recht nach der materialistischen Geschichtsauffassung" (1896, zweite Auflage 1906), „Die Lehre von dem richtigen Rechte" (1902), „Theorie der Rechtswissenschaft" (1911).

Die badische Philosophenschule.

In seinem Aufsatze „Kant und die Marburger Schule" (Kantstudien Bd. 17, 1912) läßt Natorp den innersten Sinn der Vernunftkritik darauf gerichtet sein, daß die Philosophie von den geschichtlich aufweisbaren Tatsachen der Kultur im Sinne einer „schöpferischen Tat der Objektsgestaltung" auszugehen habe, und bestimmt er das Wesen der transzendentalen Methode dahin, zu jener Kulturtatsache den Grund ihrer Möglichkeit, das „Urgesetz", den „Logos", die „Ratio", die „Vernunft" herauszuarbeiten. Die Philosophie der transzendentalen Methode will also insofern zugleich „Kulturphilosophie" sein. Darin stimmen die Marburger mit der sogenannten badischen Philosophenschule überein, wie diese durch

Wilhelm Windelband

(1848—1915), Professor der Philosophie in Straßburg und Heidelberg, begründet ist. Windelband ragt vor allem als Geschichtschreiber der Philosophie hervor („Lehrbuch der Geschichte der Philosophie", fünfte Auflage 1910; „Die Geschichte der neueren Philosophie in ihrem Zusammenhange mit der allgemeinen Kultur und den besonderen Wissenschaften", 1878, zweite Auflage 1899), hat aber auch auf systematischem Gebiete wertvolle Arbeiten geliefert, so die „Präludien" (1884, fünfte Auflage 1915), Über Willensfreiheit" (1904, siebente Auflage 1905), die „Einleitung in die Philosophie" (1914) u. a. In der einseitigen Beschäftigung mit Kants Erkenntnistheorie erblickte er mit Recht die Gefahr einer inneren Verarmung des Neukantianismus und wies darauf hin, daß Kant doch auch die Gebiete der Sittlichkeit, des Rechts, der Kunst sowie der Religion behandelt habe und sein System erst dann voll gewürdigt werde, wenn man es als eine umfassende „Kulturphilosophie" begreife. Hatte Kant sich bei seiner Untersuchung der Bedingungen des Erkennens ausschließlich auf die Mathematik und mathematische Naturwissenschaft bezogen und waren ihm die Marburger hierin gefolgt, so dehnt Windelband die erkenntnistheoretische Untersuchung im Geiste Kants auch auf die geschichtlichen Wissenschaften aus und sucht auf diesem Wege, den Neukantianismus fortzubilden.

Wie er dies besonders in seiner bedeutsamen Straßburger Rede über „Geschichte und Naturwissenschaft" (1894) dargelegt hat, besteht zwischen beiden ein grundwesentlicher Unterschied. Denn während die Naturwissenschaft es mit den stets sich gleichbleibenden Gesetzen zu tun hat, der Naturforscher in jedem einzelnen Beobachtungsgegenstande nur den Sonderfall eines allgemeinen Gesetzes, das an sich gleichgültige Exemplar einer Gattung sieht und die Feststellung des Einzelnen und Besonderen ihm nur als Mittel für die Erreichung seines eigentlichen Erkenntniszieles, der Einsicht in die allgemeine Gesetzmäßigkeit, dient, bildet hingegen gerade dies Besondere, Einmalige, Individuelle den Gegenstand der Geschichtswissenschaft. Diese ist „ideographisch" (auf Erkenntnis des Individuellen abzielend), jene, die Naturwissenschaft, ist „nomothetisch" (auf Gesetzeserkenntnis gerichtet). Es handelt sich also hier um zwei verschiedene Methoden, und nicht der alte Unterschied von Natur und Geist, woraus der Gegensatz von Natur- und Geisteswissenschaften entsprang, kann die Einteilung der Erfahrungswissenschaften bestimmen, sondern nur deren logische Eigenart, der Umstand, ob sie Gesetzes- oder ob sie Ereigniswissenschaften sind. Am wenigsten aber kann die Psychologie, wie viele wollen, für die Grundwissenschaft und als maßgebend für den Geschichtsforscher angesehen werden. Denn die Aufstellung allgemeiner Gesetze des menschlichen Seelenlebens, wie jene Wissenschaft sie anstrebt, ist für den Historiker völlig gleichgültig.

Unter dem Einflusse des Naturalismus hat man sich daran gewöhnt, der Naturwissenschaft eine übertriebene Bedeutung auch für die Weltanschauung einzuräumen. In Wahrheit gebührt der Ereigniswissenschaft der Vorzug, denn gerade in der Einmaligkeit und Unvergleichlichkeit des Gegenstandes wurzeln alle unsere Interessen und Wertgefühle, und eben diese sind es, worauf es letzten Endes ankommt. Auf die Frage nämlich nach dem Begriff der Wahrheit antwortet Windelband, daß Wahrheit nicht in der Abbildung einer außer unseres Bewußtseins vorhandenen Wirklichkeit bestehe — eine solche wird vielmehr auch von Windelband ausdrücklich geleugnet und die Welt der Dinge von ihm, in ähnlicher Weise wie von den

Marburgern, als Erzeugnis unseres Denkens bestimmt —, sondern daß einer Vorstellung Wahrheit zukomme, wenn sie mit dem Bewußtsein des Gedachtwerden-Sollens verbunden sei. Vorstellungen werden nicht gedacht, weil sie wahr sind, sondern sie sind wahr, weil sie gedacht werden sollen, so wie auch auf dem Gebiete der Ethik Handlungen nicht vollzogen werden sollen, weil sie gut sind, sondern gut sind, weil sie vollzogen werden sollen, eine Auffassung, die Windelband auch auf das ästhetische Verhalten ausdehnt. Über allem unserm Denken, Handeln und ästhetischen Erleben also schwebt ein absolutes, von nichts weiter abhängiges, nicht weiter zu begründendes Sollen. Dieses genauer zu bestimmen, aus dem Chaos der auf uns einströmenden Eindrücke, Urteile, Handlungen, Erlebnisse usw. diejenigen herauszustellen, die den Charakter der Notwendigkeit und Allgemeinheit haben, d. h. die dem absoluten Sollen entsprechen oder als unbedingte Werte, als etwas schlechthin Geltendes, allem zeitlichen Wandel Entrücktes, Bleibendes und Übergeschichtliches angesprochen werden müssen, darin besteht nach Windelband die Aufgabe der „kritischen Philosophie". Diese ist also insofern eine „Philosophie der Werte", auch die Erkenntnistheorie, nicht bloß die Ethik und Ästhetik. Sie stellt, worin Windelband seinem Lehrer Lotze folgt, die „ewig gültigen" Werte des Wahren, Guten, Schönen und Heiligen fest, wie sie auch die bestimmenden Gesichtspunkte für die Auswahl der geschichtlichen Tatsachen bildet, da nicht jede Tatsache als solche schon eine geschichtliche ist, sondern dies sich nach ihrer „Bedeutung", d. h. nach Maßgabe des von der Philosophie ermittelten Systems allgemeingültiger Werte, richtet. Sie besteht in der systematischen Besinnung auf die Werte, die für alle Kulturtätigkeit die Norm und das Ziel bilden, und deren Geltung von den Menschen in jeder derartigen Tätigkeit instinktiv vorausgesetzt wird, in der wissenschaftlichen Untersuchung dieses notwendigen Apriori aller Kultur oder der allgemeinen „Vernunftnotwendigkeiten", durch welche das Wesen der Kultur bestimmt wird. Sie ist insofern die Wissenschaft vom „Normalbewußtsein", d. h. eben des Bewußtseins jener Normen in ihrem systematischen Zusammenhange, die objektiv gelten, aber subjektiv verwirklicht werden sollen, mit anderen Worten Kulturphilosophie, und nähert sich damit dem Standpunkte Hegels, daß sie die Geschichte als das eigentliche Organ der Philosophie betrachtet und in ihr die Verwirklichung von absoluten Werten (Hegels überzeitlichen „Ideen") erblickt.

Von diesem Standpunkte aus hat Windelband auch die Frage der Willensfreiheit betrachtet. Er lehnt im Gegensatz zu Kant den Indeterminismus als ursachloses Neubeginnen von Kausalreihen und Durchbrechung der Naturgesetzlichkeit ab und betont, daß gleichzeitig mit den Normen auch deren verpflichtende Kraft uns zum Bewußtsein komme, welche die Befolgung der Normen ohne Aufhebung der kausalen Bedingtheit unseres Seelenlebens bewirke und damit wahre Freiheit ermögliche. Die Annahme einer persönlichen Unsterblichkeit hält er für unbeweisbar. Was aber das Gottesproblem betrifft, so soll zwar das Eigentümliche der Religion darin bestehen, daß sie das Normalbewußtsein als überweltliche Wirklichkeit, d. h. als Gott, ansieht, worin das „Heilige" besteht, doch verzichtet Windelband bei der widerspruchsvollen Beschaffenheit der Welt darauf, auf jenes Problem näher einzugehen, und flüchtet sich in den Agnostizismus, wie er denn auch trotz persönlicher starker Hinneigung zum Pessimismus die entgegengesetzten Annahmen des Optimismus und Pessimismus für unbeweisbare Theorien erklärt. Windelband hat sich in seinen letzten Lebensjahren auch mit der „Hypothese des Unbewußten" befaßt und sich darüber in einer Rede in der Heidelberger Akademie der Wissenschaften ausgesprochen. Seine bezüglichen Ausführungen zeigen aber nur, daß er trotz redlichen Bemühens, diesem Begriffe eine philosophische Bedeutung abzugewinnen, dessen eigentlichen Sinn bei Hartmann gar nicht verstanden hat [1]. —

Wie Natorp sich zu Cohen verhält, so ähnlich verhält sich

Heinrich Rickert

(geb. 1863), Professor der Philosophie in Freiburg und Heidelberg, zu Windelband: „Der Gegenstand der Erkenntnis" (1892, zweite erweiterte Auflage 1904); „Die Grenzen der naturwissenschaftlichen Begriffsbildung. Eine logische Einleitung in die historischen Wissenschaften" (1896—1902, zweite Auflage 1913); „Kulturwissenschaft und Naturwissenschaft" (1899, zweite Auflage 1910); „Zwei Wege der Erkenntnistheorie" in den Kantstudien 14, 1909; „Vom Begriff der Philosophie" in der Zeitschrift „Logos" 1, 1910; „Vom System der Werte" in Kantstudien 19, 1914.

Das „Verhältnis der Natur- und Geschichtswissenschaft" bestimmt er ebenso wie Windelband und hat nur dessen Andeutungen zu einem umfänglichen Werk verarbeitet. Dabei betont auch er, daß nur das Bedeutungsvolle für den Geschichtsforscher in Betracht komme, und läßt die Bedeutung der Geschehnisse durch den Begriff der Kultur bestimmt, das Verfahren des Historikers mithin ein wertbeziehendes sein. Die Geschichte ist somit auch nach Rickert abhängig vom Begriffe der Kultur und führt zu der Forderung einer allgemeinen Normwissenschaft hin, in welcher die Gesichtspunkte festgestellt werden, nach denen der Geschichtsforscher seine Auswahl aus den Fällen des Gesamtgeschehens zu treffen hat. Über der Mannigfaltig-

---

[1]) Vgl. meine Aufsätze: „Die Hypothese des Unbewußten" in Preuß. Jahrbücher Bd. 158, 1914; „Eine neue Einführung in die philosophischen Studien", ebenda Bd. 160, 1915; „Zum Tode Wilhelm Windelbands", ebenda Bd. 163, 1916.

keit der Erscheinungen und dem Wechsel der Wirklichkeit gibt es ein „Reich der Normen“, über der Welt des Seins eine „Welt der Werte“; diese zu bestimmen und so die Philosophie in derselben Weise aus dem Gesichtspunkte der praktischen Vernunft eines Kant und Fichte aufzubauen, wie die Marburger sie aus demjenigen von Kants theoretischer Vernunft mit Hegelschem Einschlag zustande kommen lassen, das bildet auch nach Rickert die wahre Aufgabe aller wissenschaftlichen Philosophie, die hiermit in eine unmittelbare Beziehung zu den Kulturwissenschaften (Wirtschaft, Wissenschaft, Kunst, Recht, Sittlichkeit, Religion), zu alle denjenigen Wissenschaften tritt, die das vorhandene menschliche „Wertleben“ zu ihrem Gegenstande haben. Der Wert ist der höchste Begriff alles unseres Philosophierens. Er „existiert“ eigentlich nicht, sondern „gilt an und für sich“. Die Werte „ruhen in sich selbst“. Sie bilden, wie gesagt, ein eigentümliches „Reich jenseits von Subjekt und Objekt“, dessen Seinsweise man nur einfach schlechthin als diejenige des „Geltens“ (Lotze, Sigwart) bezeichnen kann. Im Sollen aber werden sie auf ein Subjekt bezogen, von welchem sie Gehorsam verlangen. Dabei gibt es neben den echten Werten auch bloße Scheinwerte, z. B. die sogenannten „Lebenswerte“, wie sie vom Positivismus und Nietzsche vertreten werden und in der Behauptung zum Ausdruck gelangen, daß das Leben selbst als solches der höchste Wert sei, oder daß den Kulturgütern nur insofern Wert zukomme, als sie der Steigerung des Lebens dienen. Diese Ansicht weist Rickert mit Recht zurück und betont, daß es auf die Art des Lebens ankomme und dieses nur Wert besitze als Voraussetzung für die Verwirklichung der Kulturwerte. Indessen erschöpft die Leistung der Philosophie sich nicht in der bloßen Feststellung dieser Werte. Sie hat die systematisierten Kulturwerte wieder mit dem wirklichen Leben in Beziehung zu setzen, und dieses geschieht in der Tätigkeit des Wertens, die der Wirklichkeit einen

Wert beilegt und sie damit zu einem „Gute" macht. So entsteht neben den Reichen der Wirklichkeit und des Wertes ein drittes neues Reich, ein „Reich des Sinnes", als Bindeglied der beiden ersten Reiche. Wir lernen, den Sinn der Wirklichkeit von den Werten aus zu „deuten", und gelangen so auf Grund der Wertlehre zu einer Weltanschauung, die mehr als Welterklärung gibt.

Von diesem Standpunkte aus glaubt Rickert, auch das Erkenntnisproblem mit zweifelloser Gewißheit lösen zu können. Gibt es eine vom Bewußtsein unabhängige Wirklichkeit? Rickert verwirft den transzendentalen Realismus, der diese Frage bejaht, und zwar wegen des hypothetischen Charakters der Annahme einer bewußtseinsjenseitigen Welt, und bekennt sich dafür zu einem „umgekrempelten" naiven Realismus im Sinne der Immanenzphilosophie (vgl. oben S. 80—84), der die Welt der Dinge zum Inhalte, zwar nicht des Individualbewußtseins, wohl aber eines übergreifenden absoluten Bewußtseins, eines „namenlosen, allgemeinen, unpersönlichen Bewußtseins", eines „Bewußtseins überhaupt" herabsetzt (Windelbands „Normalbewußtsein"), das übrigbleiben soll, wenn man von allem Inhalt des Bewußtseins absieht, und welches nach Rickert das einzige ist, was niemals Objekt, Bewußtseinsinhalt werden kann. Daß ein solches „Bewußtsein überhaupt" nur eine Abstraktion von dem uns allein unmittelbar gegebenen Inhalte des Individualbewußtseins und als Träger und Subjekt der Wirklichkeit eine bloße Hypothese, noch dazu von metaphysischer Beschaffenheit ist, dagegen verschließt sich Rickert ebenso hartnäckig, wie die übrigen früher erwähnten Vertreter des erkenntnistheoretischen Idealismus. Er spricht ihm zwar die „Existenz" ebenso ab wie den Werten, die in ihm ihren eigentlichen „Ort" besitzen sollen, und möchte es zu einem bloßen „Begriff" herabdrücken, verkennt aber dabei, daß es so auch nicht imstande ist, der objektiven Wirklichkeit als Träger und Subjekt zu dienen. Daß alles Sein uns nur als Bewußt-Sein, als unsere Vorstellung „gegeben" ist, ist sicher. Daß es aber auch an sich nichts anderes als Bewußtsein „ist", ist eine Vorwegnahme des zu Beweisenden, zumal wenn unter dem Worte „Bewußtsein" nicht nur der Inhalt des Individualbewußtseins, sondern zugleich ein „absolutes, namenloses, unpersönliches Bewußtsein überhaupt" verstanden wird, von welchem wir keinerlei unmittelbare Kenntnis haben, und dieser ganze Idealismus sich auf dem Doppelsinn des Wortes Bewußtsein (als Inhalt und Form des Individual- und absoluten Bewußtseins) aufbaut. Entweder gibt es ein solches absolutes Bewußtsein, dann verliert damit Rickerts Gegnerschaft gegen die Metaphysik ihren Sinn und werden alle seine Bemühungen, die ganze Philosophie als Wertphilosophie und die Unterschiede der Wirklichkeit als solche der bloßen Methode aufzufassen, hinfällig; oder aber das „Bewußtsein überhaupt" ist wirklich nur ein Inhalt unsers eigenen Bewußtseins, und dieses ist selbst unmittelbar das absolute Bewußtsein, dann ist damit auch die Rickertsche Wertphilosophie in erkenntnistheoretischer Hinsicht dem Solipsismus verfallen, und keine Berufung auf ein „transzendentes Sollen", das nach Rickert den „Gegenstand der Erkenntnis" begründen soll, kann sie vor dem weiteren Hinabgleiten in den absoluten Illusionismus[1]) bewahren.

Rickert glaubt, alles Erkennen der Wirklichkeit auf den angeblich „überlogischen" Wert eines absoluten Pflichtbewußtseins, eines unbedingten Sollens im weitesten Sinne zurückführen zu können, dessen Annahme er auf den absoluten

[1]) Über das „Bewußtsein überhaupt" siehe meine Aufsätze: „Der transzendentale Idealismus der Gegenwart" (Preuß. Jahrbücher Bd. 117, 2. Heft, 1904); „Lipps als Naturphilosoph" (Propyläen, 6. Mai 1908); „Die Realität des Bewußtseins (Preuß. Jahrbücher Bd. 135, Heft 2, 1909); ferner: H. Amrhein, „Kants Lehre vom ‚Bewußtsein überhaupt' und ihre Weiterbildung bis auf die Gegenwart", 1909).

Wert der Wahrheit gründet. Wir haben die absolute Pflicht zur Wahrheit, wir sollen die Wahrheit wollen und fühlen uns genötigt, die Existenz einer von uns selbst verschiedenen Wirklichkeit anzuerkennen. Der Begriff des Wirklichen ist danach ein Wertbegriff: Wahr ist, was wert ist, gedacht zu werden. Urteile also sind nicht wahr, weil sie aussagen, was wirklich ist, sondern wirklich heißt, was von Urteilen als wirklich anerkannt werden soll. Es ist jedoch nicht einzusehen, wie, da es keine Wirklichkeit jenseits unseres Bewußtseins und unabhängig von diesem geben soll, der Wahrheitswert eine andere als eine rein subjektive Bedeutung für das wertende Subjekt sollte besitzen können, und warum wir daher verpflichtet sein sollten, die gesamte Wirklichkeit für etwas mehr als einen bloßen Inhalt unseres eigenen individuellen Bewußtseins und die vom Denken erzeugten Begriffe nicht für ein reines Spiel unseres subjektiven Verstandes anzusehen. Der Neukantianismus oder vielmehr Neufichteanismus Rickerts glaubt, der Metaphysik durch die Berufung auf das „Bewußtsein überhaupt" entgehen zu können. Tatsächlich steht er aber mit dieser Annahme, wofern sie überhaupt etwas beweisen soll, mit beiden Füßen in der Metaphysik darin, wie denn übrigens auch das „Reich der Werte" erst einen vernünftigen Sinn erhält, wenn es auf eine absolute Vernunft im Sinne Hegels bezogen wird, die in objektiver Weise die Werte durch ihre zwecksetzende Tätigkeit begründet. Wert ist etwas immer nur als Mittel zu einem bestimmten Zweck. Objektive und absolute Werte setzen einen objektiven oder absoluten Zweck und somit ein absolutes Denken, jenseits von Subjekt und Objekt, voraus. Ein Wert an sich ohne Beziehung auf etwas, wofür er Wert besitzt, ist ein ebensolcher Ungedanke, wie ein „Gelten", das sich auf kein Sein bezieht und für niemanden gilt, wie die Annahme von Werten vor Entstehung von wertenden Individuen. Die gesamte Wertphilosophie mit ihrer Annahme von an sich seienden

Werten ist nur eine verkappte Metaphysik, die die alten metaphysischen Begriffe zu bloßen logischen Wertbegriffen verflüchtigt, um sie hierdurch in einer metaphysikfeindlichen Welt den skeptischen Einwänden der Zeitgenossen zu entrücken. —

Ein Schüler von Rickert ist Jonas Cohn (geb. 1869), Professor der Philosophie in Freiburg. Er hat in seiner „Allgemeinen Ästhetik" (1901) die Ästhetik als kritische Wertwissenschaft behandelt. —

Der Relativismus.

Mit den zuletzt genannten Formen des Kritizismus berührt sich vielfach, wenn auch von einer ganz verschiedenen Seite her und erst in seinen späteren Arbeiten, der einstige Berliner Privatdozent und spätere Professor der Philosophie in Straßburg

Georg Simmel

(1858—1918). Sein eigentliches Gebiet ist die Sozial- und Geschichtsphilosophie. Er hat eine „Einleitung in die Moralwissenschaft" (1892, zweite Auflage 1911), über „Die Probleme der Geschichtsphilosophie" (1892, dritte Auflage 1907), eine „Philosophie des Geldes" (1900, zweite Auflage 1907) und eine „Soziologie" (1908) geschrieben, aber auch die „Hauptprobleme der Philosophie" (1910, dritte Auflage 1913) und einzelne hervorragende Denker wie „Kant" (1903, dritte Auflage 1913), „Schopenhauer und Nietzsche" (1906) sowie „Goethe" (1913) in viel beachteten Schriften behandelt.

Sein Standpunkt, soweit es bei seiner überaus schillernden und schwebenden Beschaffenheit überhaupt möglich ist, ihn kurz zu kennzeichnen, ist ein vollkommener Relativismus oder Skeptizismus, für welchen auch er sich auf Kant beruft im Gegensatze zur Marburger und zur badischen Schule, die vermittelst Kantischer Gedankengänge gerade die Überwindung des modischen Relativismus anstreben. Er leugnet, indem er das Kantische Apriori im Sinne von Helmholtz und Lange rein psychologisch auffaßt, jede Möglichkeit einer objektiven Erkenntnis, da das Weltbild jedes Einzelnen ein ganz verschiedenes von demjenigen aller übrigen infolge der Verschiedenheit ihrer psychophysischen Organisation darstelle. Der Hauptbegriff seiner Philosophie ist derjenige des „Lebens“ ursprünglich im natürlichen, später mehr und mehr im geistigen Sinne. Das Erkennen steht im Dienste des Lebens. Wahrheit ist bloße Gattungszweckmäßigkeit, auf dem Wege der biologischen Auslese entstanden. Sie beruht nur darauf, daß diejenigen Individuen, deren Vorstellungen für ihre Erhaltung „nützlicher“ als diejenigen der übrigen sind, sich leichter durchsetzen und ihren Vorstellungen die Herrschaft im Geistesleben verschaffen, ein „Pragmatismus“, mit welchem Simmel den tatsächlichen Charakter der bestehenden wissenschaftlichen „Wahrheiten“ ganz richtig charakterisiert und die verwandten Behauptungen eines James und dessen amerikanischer Gesinnungsgenossen vorweggenommen hat. Es gibt hiernach so viele „Wahrheiten“, wie es verschieden geartete Organisationen und deren Lebensnotwendigkeiten gibt, und dieser Relativismus, der nach Simmel u. a. auch im Gelde seinen sinnbildlichen Ausdruck gefunden hat, wird noch dadurch verstärkt, daß jede Vorstellung nur im Verhältnis zu einer anderen „wahr“ ist, womit das Erkennen für einen „frei schwebenden Prozeß“ erklärt ist, dessen Elemente sich gegenseitig ihre Stellung bestimmen. So leugnet Simmel auch die Berechtigung einer normativen, Gesetze des Sollens aufstellenden Moralwissenschaft, da solche Gesetze vom Leben selbst erzeugt würden, und will nur einer Ethik, die keine Ideale aufstellt, sondern nur das vorhandene sittliche Leben beschreibt, ohne ihrerseits dies Leben zu werten, eine wissenschaftliche Bedeutung zugestehen.

Die psychologische Deutung des Apriori hat Simmel auch auf die Geschichtswissenschaft angewandt und zu zeigen versucht, daß es auch auf historischem Gebiete keine objektive Wiedergabe der Vorgänge der Vergangenheit gibt, sondern daß auch hier die Darstellung infolge der unbewußten Wirksamkeit der apriorischen Funktionen einen ganz subjektiven und relativen Charakter habe. So wird ihm die Geschichtsphilosophie zur Erkenntnistheorie der historischen Ereignisse, und ihre Aufgabe wird von ihm dahin bestimmt, daß sie zu zeigen habe, „wie aus dem Stoffe der unmittelbar gelebten Wirklichkeit das theoretische Gebilde werde, das wir Geschichte nennen". Wenn also Kant gemeint hat, daß die Natur eine bloße Schöpfung unseres Geistes darstellt, so gilt das gleiche auch von der Geschichte. Sie ist ganz und gar bedingt durch das darstellende Individuum und kann so wenig als eine Nachbildung der erlebten Wirklichkeit betrachtet werden, daß diese in ihr so gut wie überhaupt hinter der subjektiven Schöpfung des bezüglichen Individuums verschwindet.

In seinen späteren Arbeiten hat Simmel diesen überspannten Relativismus mehr und mehr gemildert und eine immer entschiedenere Annäherung an den objektiven Idealismus der Marburger und die badische Wert- und Kulturphilosophie vollzogen. Er hat neben dem psychologischen ein „erkenntnistheoretisches Apriori" und damit die selbständige Bedeutung des Logischen, der Begriffe, der Normen, der Naturgesetze, als eines „Reiches der ideellen Inhalte" neben dem Körperlichen und Seelischen anerkannt und dessen Seinsweise als die des „Geltens" bestimmt, und er hat diesen drei „Reichen" noch ein viertes, das der „idealen Forderungen", zugeordnet, welches darauf beruhen soll, daß gewisse Forderungen im Bewußtsein einer überpersönlichen, weltüberlegenen Ordnung erhoben werden. Damit hat er sich genötigt gesehen, auch der Ethik wieder einen normativen Charakter zuzugestehen, ja, selbst metaphysischen Gedankengängen Einlaß in seine Weltanschauung gewährt, ohne daß es ihm jedoch gelungen ist, den Relativismus seiner Denkweise im einzelnen wirklich zu überwinden und die ihm vorschwebende „Metaphysik des Lebens" auszuführen. Zu einer philosophischen Synthese oder einheitlichen Durchbildung und Zusammenfassung seiner Gedanken fehlt Simmel die spekulative Kraft. Er ist hervorragend in der Zergliederung gegebener Tatsachen, durch die neuartige Beleuchtung, unter die er die Dinge rückt, durch die Fülle geistvoller Einfälle, die sich in seinen Schriften finden. Aber diese Schriften, so anregend sie sein mögen, leiden vielfach an der Spitzfindigkeit und Übergescheitheit des Verfassers, sind dabei zumeist in einem merkwürdig abstrakten, gespreizten, mit Fremdwörtern überladenen, um die Dinge herum oder über sie hinweg redenden, schwer eingehenden Stil geschrieben und enttäuschen vielfach dadurch, daß Simmel oft die Probleme nur darlegt, ohne selbst zu ihnen Stellung zu nehmen. Schließlich liefert doch die Philosophie nach Simmel keine Erkenntnis der Wirklichkeit als solcher, sondern nur der Persönlichkeit ihres Urhebers. Sie „zeichnet nicht die Objektivität der Dinge nach — das tun die ‚Wissenschaften' im engeren Sinne —, sondern die Typen der menschlichen Geistigkeit, wie sie sich je an einer bestimmten Auffassung der Dinge offenbaren". Jede Weltanschauung ist ihm nur der „adäquate Ausdruck für das Sein des Philosophen selbst, für den in ihm lebenden Menschheitstypus." Dies im einzelnen an ihnen nachzuweisen, den typischen Gehalt ihrer Denkweise und Persönlichkeit ans Licht zu stellen, das ist der Zweck seiner Arbeiten über Kant, Goethe, Rembrandt, Schopenhauer und Nietzsche. Man darf hinzufügen, daß er selbst ein typisches Beispiel dafür ist, wie einem geistreichen Menschen, der sich in seinem absoluten Skeptizismus jede positive Annahme versagt, alle Philosophie schließlich zu einem bloßen dialektischen Spiel mit funkelnden Gedanken, zu einem Feuerwerk „brillanter" Einfälle werden muß, das den Zuschauer mehr verblüfft als erleuchtet und am

Ende nur den Hunger nach gehaltvollerer philosophischer Kost in ihm hervorruft. --

In seiner Typenlehre der Philosophen steht Simmel unter dem Einflusse seines Lehrers

Wilhelm Dilthey

(1833—1911), des Nachfolgers Lotzes auf dem philosophischen Lehrstuhl in Berlin. Auch dieser hat seine Anschauung im Anschlusse an die historischen Wissenschaften gewonnen. Er hat zahlreiche geschichtliche Arbeiten verfaßt, die im „Archiv für Geschichte der Philosophie" erschienen sind, auch ein umfängliches Werk „Leben Schleiermachers" (Bd. I 1867—1870) geschrieben, das jedoch über den ersten Band nicht hinausgelangt ist, und gilt als „der größte Historiker der Geistesgeschichte seit Hegel". Unter seinen systematischen Arbeiten, die mit seinen historischen Interessen in engstem Zusammenhange stehen, ist vor allem die „Einleitung in die Geisteswissenschaften. Versuch einer Grundlegung für das Studium der Gesellschaft und der Geschichte" (Bd. I 1883) zu erwähnen. Auch sie ist unvollständig geblieben, findet jedoch eine Art Ergänzung in „Das Erlebnis und die Dichtung" (1905, dritte Auflage 1910), sowie in einer Reihe von Abhandlungen in den Sitzungsberichten der Berliner Akademie der Wissenschaften: „Beiträge zur Lösung der Frage vom Ursprung unseres Glaubens an die Realität der Außenwelt und sein Recht" (1890); „Ideen über eine beschreibende und zergliedernde Psychologie" (1894); „Beiträge zum Studium der Individualität" (1896); „Der Aufbau der geschichtlichen Welt und der Geisteswissenschaften" (1910).

Diltheys Streben ist darauf gerichtet, den Geisteswissenschaften eine ebenso sichere erkenntnistheoretische Unterlage zu verschaffen, wie die Naturwissenschaften sie besitzen sollen, und ihre Selbständigkeit nach Gegenstand sowohl wie nach Methode gegenüber jenen Wissenschaften nachzuweisen. Dabei lehnt er alle metaphysische Begründung der geisteswissenschaftlichen Bestrebungen ab. Die Metaphysik ist für ihn eine geschichtlich überwundene Wissenschaft, wie die Alchimie und Astrologie. Die Grundlegung für die Geisteswissenschaften, welche diese den Naturwissenschaften als gleichwertig an die Seite stellt, kann nur in der erfahrungsmäßigen Selbstbesinnung des Forschers, d. h. in der Psychologie, gefunden werden. Diese Selbstbesinnung nämlich zeigt uns, daß wir die geistesgeschichtlichen Vorgänge innerlich verstehen, sie in der Phantasie unmittelbar nachzuerleben imstande sind, wohingegen wir das Naturgeschehen nur äußerlich mit unserem Verstande erfassen können. Wie Wundt, ist sonach auch er der Ansicht, daß, während die Natur nur mittelbar von uns erkannt wird, ein „bloßer Schatten" ist, „den eine uns verborgene Wirklichkeit wirft", wir in der inneren Erfahrung die Realität unmittelbar so erfassen, wie sie wirklich ist: ein naiver Realismus der inneren Erfahrung, hinsichtlich dessen er mit Beneke übereinstimmt[1]), und der schwer damit vereinbar erscheint, daß Dilthey sowohl die Unbewußtheit der ursprünglichen Denk- und Willensakte wie auch der geistigen Organisation und des tätigen Subjektes des Seelenlebens anerkennt. Die für sie als Grundlage der Geisteswissenschaften erforderliche Sicherheit erlangt die Psychologie freilich nur, wenn sie aufhört, die seelischen Erscheinungen erklären zu wollen, und sich rein auf deren Beschreibung beschränkt. Daß sie damit auch aufhört, Wissenschaft zu sein und zur bloßen „Kunde" herabsinkt, bekümmert Dilthey ebensowenig wie die Tatsache, daß auch er sich auf das Gebiet der Metaphysik begibt, wenn er ihr am Ende doch auch die Bildung von Hypothesen zur Erklärung der gegebenen Erscheinungen zugesteht, die nach seinen eigenen Voraussetzungen auf ein seelisch Unbewußtes führen; ganz abgesehen davon, daß schon seine

---

[1]) S. meine „Philosophie im ersten Drittel des 19. Jahrhunderts".

Annahme der unmittelbaren Realität des Innenlebens im Grunde eine metaphysische ist. Aber die allgemeine beschreibende Psychologie soll nach Dilthey auch ihre Ergänzung finden in einer vergleichenden Psychologie. Deren Aufgabe soll die Bestimmung der verschiedenen menschlichen Typen sein, und sie soll das Bindeglied bilden zwischen den einzelnen bestimmten Geisteswissenschaften und der allgemeinen Psychologie.

Auch Dilthey also nimmt eine Wirklichkeit außerhalb des Individualbewußtseins an und gründet unsere Überzeugung von der Realität der Außenwelt auf die Erfahrung des auf Widerstände stoßenden Willens. Daß hierin unmittelbar die Annahme einer transzendenten Kausalität enthalten liegt und diese, in ihre Konsequenzen verfolgt, auch ihrerseits zu metaphysischen Annahmen führt, dagegen verschließt sich auch Dilthey nur gewaltsam aus der rein subjektiven Voraussetzung heraus, daß es eine Metaphysik nun einmal schlechterdings nicht geben *soll*, weil eine solche bei ihrem hypothetischem Charakter nicht imstande wäre, den Geisteswissenschaften die gesuchte unerschütterliche Unterlage zu liefern.

Der inneren Erfahrung erweist sich der seelische „Strukturzusammenhang" als ein durchaus teleologisch bestimmter. So nehmen wir auch in der Geschichte überall „Wirkungszusammenhänge" wahr, die eine teleologische Struktur und fortschreitende Entwickelung zeigen, von Dilthey „Kultursysteme" genannt, wie Wirtschaft, Recht, Wissenschaft, Kunst, Religion usw. Sie bestehen nebeneinander und entwickeln sich jedes für sich im Zusammenhange mit den übrigen, ohne daß jedoch von einer Gesamtentwickelung der Geschichte im ganzen die Rede sein kann. Jede Epoche hat ihren „Sinn" in sich. Jedes Zeitalter hat seinen Eigenwert, ist, wie *Ranke* es ausgedrückt hat, in sich selbst „zentriert".

Selbstverständlich kann bei dieser rein geschichtlichen Betrachtungsweise auch die Ästhetik nur psychologisch aufgefaßt und die Kunst nur als der Ausdruck des jeweiligen Geistes ihrer Zeit betrachtet werden. Eine Ästhetik als Lehre vom Begriff des Schönen, einen allgemeingültigen Schönheitsbegriff gibt es nicht. Es kann sich immer nur um eine unbefangene Zergliederung des ästhetischen Genießens und des künstlerischen Schaffens, und zwar dies an der Hand der Selbstzeugnisse der Künstler handeln, ein Verfahren, wie Dilthey selbst es in meisterhafter Weise in „Das Erlebnis und die Dichtung" ausgeübt hat. Indessen leugnet er nicht, daß es allgemeingültige Kunstgesetze gibt, die in der sich gleichbleibenden seelischen Grundstruktur des Menschen ihre Begründung finden.

So löst sich für Dilthey auch das Problem der philosophischen Weltanschauung in einen bloßen Relativismus auf. Auch sie kann, da es eine Metaphysik nicht geben soll, nicht objektiv begründet, sondern nur als psychologische Tatsache aus der seelischen Beschaffenheit der Menschen begriffen werden. Die Philosophie kann somit nicht selbst Weltanschauung, sondern nur Weltanschauungslehre sein. Sie führt die gegebenen Weltanschauungen auf ihre menschlichen Urheber zurück und sucht, statt Systeme zu errichten, die vorhandenen Systeme psychologisch und historisch zu begreifen, wobei nur unverständlich bleibt, daß sich bei dieser Ansicht noch immer wieder konstruktive Philosophen finden sollen, die ihre Systeme nur errichten zu dem Zwecke, von ihren Nachfolgern psychologisch und historisch begriffen zu werden. Und zwar gibt es nach Dilthey drei immer wiederkehrende Typen der philosophischen Weltanschauung: nämlich den Materialismus bzw. den Positivismus, wie er aus dem Studium der Natur hervorgeht und die geistige Welt aus der natürlichen zu erklären sucht, ein reines Erzeugnis des rechnenden Verstandes; ferner den objektiven Idealismus, dem die Wirklichkeit als Erscheinung eines Innern sich darstellt, und der durch das menschliche Gefühlsleben, den

Sinn, die Bedeutung, den Wert der Dinge bestimmt ist; und endlich den Idealismus der Freiheit, unter welchem Dilthey den Theismus mit seiner Annahme einer überweltlichen göttlichen Persönlichkeit und einer Schöpfung versteht, wie er aus den Willenserfahrungen der Menschen hervorgegangen sein und die Unabhängigkeit des Geistes von der Natur, seine absolute Selbständigkeit und Eigenartigkeit behaupten soll. Diese verschiedenen Typen der Weltanschauung aufeinander zurückzuführen, soll nach Dilthey ebenso unmöglich sein, wie zwischen ihnen eine Entscheidung von mehr als bloß relativer Gültigkeit zu treffen. Die Philosophie endet folglich notwendigerweise im Skeptizismus und büßt, da auch sie nicht imstande ist, das Rätsel des Lebens aufzulösen, folgerichtig auch das Recht ein, sich über Religion und Kunst zu erheben.

Die Metaphysiker.

Der Naturalismus hatte unter dem Einflusse des naturwissenschaftlichen Zeitgeistes eine „naturwissenschaftliche Weltanschauung" zu gewinnen versucht, der Positivismus der herrschenden Naturwissenschaft dadurch seinen Tribut entrichtet, daß er die Philosophie nur als eine solche der reinen Erfahrung wollte gelten lassen, während der Neukantianismus das höhere Recht und die Selbständigkeit des Geistes, der für ihn mit dem Bewußtsein zusammenfiel, gegenüber der Natur durch Hereinnahme des Begriffes der Natur in denjenigen des Bewußtseins und Hervorhebung der schöpferischen Kraft des letzteren zu wahren suchte. Alle drei stimmen darin überein, daß sie die Metaphysik, wenigstens in ihrer bisherigen idealistischen Gestalt, verwerfen und in bezug auf die letzten Fragen alles philosophischen Denkens dem Skeptizismus und Agnostizismus huldigen, unbekümmert darum, wie vieler metaphysischer Annahmen sie sich selbst bedienen, um ihre eigenen metaphysikfeindlichen Standpunkte auch nur einigermaßen durchzuführen.

Hiermit ist nun aber doch nicht gesagt, daß die (idealistische) Metaphysik im letzten Drittel des 19. Jahrhunderts überhaupt keine Vertreter gefunden hätte. Sieht man selbst von solchen ab, die, wie der Theologe und spätere Philosoph an der Münchener Universität Jakob Frohschammer (1821—1893) mit seiner Lehre von der unbewußten, im Stoffe sich auswirkenden Weltphantasie, die Richtung des spekulativen Theismus fortsetzten („Die Phantasie als Grundprinzip des Weltprozesses", 1877; „Über die Genesis der Menschheit und deren geistige Entwicklung in Religion, Sittlichkeit und Sprache", 1883): sogar ein so eifriger Befürworter der Erneuerung des Kantianismus, wie der Jenenser Philosoph Otto Liebmann (1840—1912), der in seiner Schrift über „Kant und die Epigonen" (1865, Neudruck 1911) einen Hauptanstoß zu dem Rückgang auf Kant gegeben hatte, stand selbst der Metaphysik viel näher, als man dies nach dem ersten Eindrucke seiner Schriften vermuten sollte. Zwar bekämpfte er in der genannten Schrift sowie in der Schrift „Über den objektiven Anblick" (1869) die spekulativen Systeme vor allem wegen ihrer Annahme von Dingen an sich, worin er den Hauptfehler Kants erblickte. Allein er selbst ließ den Erscheinungen des äußeren und inneren Sinnes ein freilich uns unbekanntes X und Y entsprechen, das sich von dem Kantischen Ding an sich in keiner Weise unterscheidet. In seinem Hauptwerk, der „Analysis der Wirklichkeit" (1876, vierte Auflage 1911; vgl. auch: „Die Klimax der Theorien", 1884, Neudruck 1914; „Gedanken und Tatsachen. Philosophische Abhandlungen, Aphorismen und Studien", 1882—1889, zweite Auflage 1904), erkennt er sodann die Übereinstimmung unserer Denkformen mit den Seinsformen an und bekennt er sich zu einer „kritischen Metaphysik", die er als eine hypothetische Erörterung unserer menschlichen Vorstellungen vom Wesen, Grund und Zusammenhang der Dinge auffaßt. Diese Metaphysik hat bei ihm selbst mit ihrer Annahme eines „überindividuellen transzendentalen Ich" einen an Fichte erinnernden Charakter, ohne daß es ihm freilich gelungen ist, sie vollständig und in widerspruchsloser Weise durchzuführen. Vgl. auch seine Gedichte „Weltwanderung" (1899). —

Stark unter Kantischem Einflusse steht auch die „Metaphysik" (1894) des Rostocker Professors der Philosophie Franz Erhardt (geb. 1864). Er ist transzendentaler Idealist in bezug auf die Anschauungsformen Raum und Zeit, d. h. er leugnet deren Geltung jenseits des Bewußtseins, aber naiver Realist in bezug auf die seelischen Vorgänge, in denen er unmittelbar die Wirklichkeit als solche zu erfassen meint, und erklärt die absolut reale Welt für ein System immaterieller, unräumlicher Kräfte, die zeitlos aufeinander wirken sollen, obwohl doch, wie man meinen sollte, die objektive Realität der Zeit in der Anerkennung der absoluten Realität der Innenvorgänge bei deren zeitlichem Verlaufe zugleich mitgesetzt ist. In seiner Schrift „Psychophysischer Parallelismus und erkenntnistheoretischer Idealismus" (1901) hat Erhardt auch in den Parallelismusstreit, wie er um die Jahrhundertwende zwischen den Anhängern Lotzes und denjenigen Fechners geführt wurde, zugunsten der Wechselwirkung eingegriffen. Er berührt sich darin mit Ludwig Busse (1862—1907), Professor der Philosophie in Tokio, später in Halle, der gleichfalls die Wechselwirkung vertritt („Die Wechselwirkung zwischen Leib und Seele", „Die Gesetze der Erhaltung der Energie", 1900). In „Philosophie und Erkenntnistheorie, 1. Teil: Metaphysik und Erkenntnistheorie, 2. Teil: Begründung eines dogmatischen Systems der Philosophie" (1894), sowie in „Geist und Körper, Seele und Leib" (1903) verteidigt Busse die Metaphysik gegen Skeptizismus und Kritizismus und sucht eine solche im Sinne Lotzes zu begründen, nach welcher alles Sein Bewußtsein und alle Einzelgeister Modi einer allumfassenden geistigen Substanz sind.

Auf Lotze als den Retter aus der philosophischen Not der Zeit hat auch Richard Falckenberg (geb. 1851), Professor der Philosophie in Erlangen, der Verfasser einer vielbenutzten „Geschichte der neueren Philosophie" (siebente Auflage 1913), immer wieder hingewiesen. Er fordert eine Erneuerung des klassischen Idealismus der deutschen Philosophie in engerem Anschluß an die Erfahrung und unter allseitiger Verwertung der Natur- und Geisteswissenschaften. Daß eine solche von Hartmann bereits seit langem geschaffen ist und es daher wohl nachgerade an der Zeit wäre, sich mit diesem eingehender auseinanderzusetzen, kommt Falckenberg ebensowenig bei, wie allen übrigen, die angesichts der wenig erfreulichen Lage unserer Zeit auf den kommenden „Messias" hoffen. —

Unter allen, die in dieser Hinsicht dem herrschenden Zeitgeist widersprachen, hat keiner das Recht, die Möglichkeit und die Notwendigkeit einer kritischen (induktiven) Metaphysik so entschieden und mit so schlagenden Gründen verfochten, wie der Leipziger Professor der Philosophie

Johannes Volkelt

(geb. 1848). Er ist von Hegel ausgegangen, wie seine Erstlingsschrift „Das Unbewußte und der Pessimismus" (1873) zeigt, ist aber auch durch Hartmann stark beeinflußt worden. In seiner Schrift „Immanuel Kants Erkenntnistheorie nach ihren Grundprinzipien analysiert" (1879) hat er die gründlichste und scharfsinnigste Zergliederung der verschiedenen bei Kant vorhandenen Denkprinzipien geliefert und die vielen Widersprüche in der Kantischen Philosophie aus dem Sichdurchkreuzen dieser Prinzipien erklärt. Sein Werk „Erfahrung und Denken, kritische Grundlegung der Erkenntnistheorie" (1886) ist eine der gediegensten und anregendsten erkenntnistheoretischen Arbeiten jener Zeit, die alsdann in „Die Quellen der menschlichen Gewißheit" (1900) und in „Gewißheit und Wahrheit. Untersuchung der Geltungsfragen als Grundlegung der Erkenntnistheorie" (1918) eine Ergänzung und nochmalige Durcharbeitung auf Grund der neuesten Literatur erhalten hat.

Volkelt nimmt zwei Quellen der Erkenntnis und Gewißheit an: die reine Erfahrung, d. h. die von ihm sogenannte Selbstgewißheit des Bewußtseins, und das Bewußtsein der Denknotwendigkeit. Jene ist für sich allein ein völlig sinnloser und ungeordneter Wirrwarr unzusammenhängender Bewußtseinsinhalte, zu dem das Denken hinzukommen muß, um vermittelst seiner apriorischen Funktionen erst Einheit und Vernunft hineinzubringen. Dabei erhebt das Denken von sich aus die Forderung, daß einem Teile seiner logischen Zutaten eine Geltung jenseits des Bewußtseins zukomme. Als diejenigen Denkinhalte, die unter allen Umständen eine „transsubjektive" Bedeutung für sich in Anspruch nehmen, bezeichnet Volkelt die Annahme fremder Bewußtseine, das durchgehende Bestehen transsubjektiver Wesenheiten, ihre gesetzmäßige Verknüpfung sowie die Einzigkeit der den Sinneswahrnehmungen der verschiedenen Individuen entsprechenden transzendenten Welt. Diese bezeichnet er als das „transsubjektive Minimum" und erblickt nicht, wie Hartmann, in der Kausalität, sondern mit Hegel in der Denknotwendigkeit das Mittel, um über das Bewußtsein hinaus zur Welt der Dinge an sich zu gelangen, obwohl doch jene nur imstande sein soll, Bewußtseinsinhalte miteinander zu verknüpfen.

Volkelts Hauptbedeutung liegt auf dem Gebiete der Ästhetik. Er hat eine „Ästhetik des Tragischen" (1897, dritte Auflage 1915) sowie ein dreibändiges „System der Ästhetik" (1904—1913) verfaßt, das zu den wertvollsten Arbeiten auf diesem Gebiete gehört. Das Werk will eine Vereinigung des modernen, psychologisch zergliedernden Verfahrens mit der Gedankenbildung der spekulativen deutschen Ästhetik sein, wie sie von Schiller, Hegel und Vischer vertreten wird. In seinem

Mittelpunkte steht der Begriff des „menschlich Bedeutungsvollen", das Volkelt an die Stelle der „Idee" seiner genannten Vorgänger setzt; und als die vier nicht aufeinander zurückführbaren Normen, auf die sich alles Ästhetische gründet, betrachtet er das gefühlserfüllte Anschauen bzw. die Einheit von Form und Gehalt, sodann das Menschlich-Bedeutungsvolle, ferner die Herabsetzung des Wirklichkeitsgefühls oder die Scheinhaftigkeit des Ästhetischen, und endlich die Steigerung der beziehenden Tätigkeit oder die organische Einheit des ästhetischen Gegenstandes. Obwohl in der Hauptsache rein psychologisch geartet, mündet Volkelts Ästhetik doch schließlich in einer Metaphysik, die mit ihrer Bestimmung des absoluten Wertes als absoluten Bewußtseins an diejenige des spekulativen Theismus, z. B. eines Weiße, mit ihrer Anerkennung eines alogischen Willensprinzips neben der logischen Idee an diejenige E. v. Hartmanns erinnert[1]).

Eine tiefere Wirkung hat mit seinen metaphysischen Gedankengängen eigentlich nur

Rudolf Eucken

(geb. 1846), Professor der Philosophie in Jena, ausgeübt. Seine wichtigsten Werke führen die Titel: „Geschichte und Kritik der Grundbegriffe der Gegenwart" (1878, vierte Auflage 1916 unter dem Titel „Geistige Strömungen der Gegenwart"); „Geschichte der philosophischen Terminologie" (1879); „Die Einheit des Geisteslebens in Bewußtsein und Tat der Menschheit" (1888); „Die Lebensanschauungen der großen Denker. Eine Entwicklungsgeschichte des Lebensproblems der Menschheit von Plato bis zur Gegenwart" (1890, zwölfte Auflage 1918); „Der Kampf um einen geistigen Lebensinhalt. Neue Grundlegung einer Weltanschauung" (1896); „Der

---

[1]) S. über Volkelts Ästhetik Paul Moos: „Die deutsche Ästhetik der Gegenwart" (1920).

Wahrheitsgehalt der Religion" (1901, dritte Auflage 1912); „Grundlinien einer neuen Lebensanschauung" (1907, zweite Auflage 1913); „Der Sinn und Wert des Lebens" (1908, vierte Auflage 1914); „Können wir noch Christen sein?" (1911); „Zur Sammlung der Geister" (1913); „Welt und Mensch" (1919). Eucken wiederholt sich selbst sehr oft in seinen Büchern, hat aber seit der Wende des Jahrhunderts sich eine zahlreiche Gemeinde von Anhängern in den gebildeten Kreisen zumal derjenigen gewonnen, die über den positivistischen Zeitgeist hinaus nach Vertiefung ihrer Lebensanschauung streben, ohne durch den Kirchenglauben, mit dem sie noch nicht ganz gebrochen haben, sich innerlich wirklich befriedigt zu fühlen.

Eucken steht in schroffem Gegensatze zu allem Positivismus, Naturalismus und Intellektualismus, jener Anschauung, die das gesamte Dasein auf rein verstandesmäßigem Wege glaubt begreifen zu können. Diesen Standpunkten gegenüber tritt er für die Pflege eines auch dem bloßen Verstande überlegenen Geisteslebens ein, das zu ergründen nur vermittelst der von ihm sogenannten „noologischen" Methode möglich sein soll. Sie beruht auf der Voraussetzung einer übersubjektiven höheren Geisteswelt. Ohne die Annahme einer solchen nämlich soll das menschliche Dasein vollkommen sinnlos und wertlos, ein bloßes egoistisches Getriebe der nach Glück strebenden Individuen sein, wie denn übrigens auch alle großen Menschen an eine solche Geisteswelt geglaubt und aus diesem Glauben zu ihren Leistungen befähigt gewesen sein sollen, und auch die eigene innere Erfahrung uns jene Annahme nahelegt. Nicht als ob wir jene Welt unmittelbar als solche in passiver Betrachtungsweise gewahr zu werden vermöchten! Aber in der Tatsache, daß wir uns durch freie Hingabe an sie, durch selbstloses Schaffen im Dienste der Sittlichkeit und opferfreudiges Eintreten für die Ziele der Kultur über die Natur und unser gewöhnliches Ich hinausgehoben fühlen, erleben wir un-

unmittelbar das Dasein jener Geisteswelt, erheben wir uns zu ihr durch unser Handeln und werden wir selbst zu Trägern eines weltüberlegenen Geisteslebens, wie es sich uns in der hiermit gewonnenen inneren Einheitlichkeit unseres Wesens und der Erhöhung unserer naturhaften Individualität zur sittlichen Persönlichkeit offenbart.

Hiernach ragt also die höhere Geisteswelt unmittelbar in unsere gewöhnliche erfahrungsmäßig gegebene Seelenwelt hinein und stellt uns damit vor die Aufgabe, uns ihrer immer deutlicher bewußt zu werden und durch stetige Überwindung der naturhaft-egoistischen und „kleinmenschlichen" Strebungen unseres Innern, die uns immer wieder herabzuziehen drohen, an ihrem Leben teilzunehmen. Das ist aber nicht ohne die Annahme möglich, daß das Geistesleben keine bloße irdische und menschliche Angelegenheit sei, sondern daß ihm eine absolute Bedeutung zukomme, wie wir denn auch nur aus solcher Überzeugung heraus unserem eigenen Leben einen „substantiellen" Charakter, einen echten „Sachgehalt" verleihen und dadurch zu einem „ursprünglichen" Leben, zu einem „Beisichselbstsein" des Lebens gelangen können. Ist uns doch jenes Geistesleben nicht etwa als etwas Fertiges, als vollendete Tatsache „gegeben", sondern muß es doch jeweils erst von uns geschaffen werden und ist uns insofern immer nur „aufgegeben", ohne daß man darum sagen dürfte, es sei bloß unser eigenes Erzeugnis. Vielmehr ist unser eigenes individuelles Geistesleben nur ein Teil und gleichsam ein Ausschnitt eines allumfassenden Geisteslebens, des Lebens eines „kosmischen Selbst", eines „universalen Personalwesens", das seinen Schwerpunkt in sich selbst hat, aber sich den Individuen gleichsam mitteilt und sie dadurch dazu befähigt, im Zusammenwirken mit ihm die Widerstände des natürlichen Daseins zu besiegen. Das ist ein Monismus des Geisteslebens, der mit seinem tatkräftigen, schaffensfreudigen Charakter und seinem ethisch-religiösen

Schwung dem Standpunkte Fichtes sehr nahesteht, zumal Eucken auch zur christlichen Religion eine ganz ähnliche Stellung einnimmt, wie der genannte Wortführer des klassischen deutschen Idealismus. Trotz aller Ablehnung der bestehenden Kirchen, die er für unfähig hält, die notwendige Vertiefung des modernen religiösen Lebens vorzunehmen, und trotz seiner energisch erhobenen Forderung der Trennung von Kirche und Staat glaubt Eucken dennoch, ebenso wie Fichte, am Christentum als solchen noch festhalten und die Vereinbarkeit seines eigenen Standpunktes mit demjenigen dieser Religion behaupten zu können, und damit stimmt nicht bloß seine Bestimmung des „kosmischen Selbst" als eines „universalen Personalwesens", d. h. doch wohl als göttlicher Persönlichkeit, sondern auch die überschwengliche Verherrlichung der Persönlichkeit Jesu im Sinne des liberalen Protestantismus überein, wie sich diese in seinen „Lebensanschauungen der großen Denker" findet. Wie Fichte, ist auch Eucken mehr begeisterter Prophet und Prediger, als wissenschaftlicher Philosoph. Seine „neue Metaphysik" ist, wenn man sie des rednerischen Drum und Dran entkleidet, kaum wesentlich von derjenigen Fichtes verschieden, nur daß sie bei weitem unbestimmter, nebelhafter und verschwommener ist und die Lösung der sich hierbei ergebenden Probleme und Schwierigkeiten kaum auch nur irgendwie ernsthaft anstrebt. So bleibt vor allem das Verhältnis der Natur zum Geiste bei Eucken ebenso dunkel, wie dasjenige des individuellen zum absoluten Selbst, und über die Schicksalsfrage alles Bewußtseinsmonismus, nämlich, wie es eine Vielheit von Individualbewußtseinen und eine dynamische Wirkung der Individuen aufeinander im absoluten Bewußtsein geben kann, findet man auch bei Eucken keinen Aufschluß, ja, sogar das bleibt unbestimmt, ob das absolute Selbst als bewußt oder unbewußt aufzufassen ist. Aber als begeisterter Kämpfer gegen die zunehmende Verflachung unserer Zeit, als Mahner und

Verkündiger einer höheren Geisteswelt hat Eucken mit seinem unermüdlichen Dringen auf eine Vertiefung unseres Innenlebens und eine Vergeistigung und Veredlung unserer Kultur sich ein unzweifelhaftes Verdienst erworben und wird daher noch mit Ehren genannt werden, wenn seine sogenannte „neue Metaphysik" längst als eine bloße Erneuerung früher dagewesener Gedanken erkannt sein wird.

Die katholische Philosophie.

Abseits von der allgemeinen philosophischen Heerstraße geht die Philosophie der katholischen Kirche ihren Weg. Sie steht unbedingt auf dem Boden der kirchlichen Dogmatik, und ihre Vertreter unterscheiden sich wesentlich nur durch die Art voneinander, wie sie die Dogmen philosophisch zu begründen und mit den geistigen Strömungen der Zeit sich auseinanderzusetzen suchen. Unter denjenigen, die sich wesentlich an Aristoteles anschließen, genügt es hier, die Namen eines Georg Hagemann (1832—1903), Konstantin Gutberlet und Albert Stöckl zu nennen. Seitdem alsdann Papst Leo XIII. in seiner Enzyklika „Aeterni patris" (1879) auf Thomas von Aquino als den Vertreter der „wahren" Philosophie hingewiesen und die Beschäftigung mit seinen Werken allen Theologiestudierenden zur Pflicht gemacht hatte, befleißigte man sich auf katholischer Seite einer ebenso eifrigen Pflege jenes Philosophen, wie Kant auf protestantischer Seite zum Philosophen der Zeit erhoben wurde. Unter den Vertretern der thomistischen Philosophie kommen vor allem in Betracht: Ernst Commer, Tilmann Pesch, Christian Pesch und Victor Cathrein. Vom Standpunkte des Thomismus aus hat Otto Willmann in seiner „Geschichte des Idealismus" (1894—1897) die gesamte neuere Philosophie beurteilt oder vielmehr verurteilt und dabei sich besonders heftig gegen Kant, den „Philosophen des Protestantismus", wie Paulsen ihn genannt hat, und dessen Prinzip der Autonomie gewandt. Wertvolle Arbeiten philosophiegeschichtlicher Art haben Georg Freiherr v. Hertling, Clemens Baeumker und Remigius Stölzle geliefert, während Engelbert Lorenz Fischer zum Pessimismus (1880) Stellung genommen, auf erkenntnistheoretischem Gebiete einen „kritischen Realismus" (1887) begründet und in seiner „Überphilosophie" (1907) den Versuch gemacht hat, „die bisherigen Hauptgegensätze der Philosophie in einer höheren Einheit zu vermitteln".

1907 erließ Pius X. seine Enzyklika „Pascendi Dominici gregis" gegen den „Modernismus", d. h. gegen die Bestrebungen innerhalb der katholischen Philosophie, die Anschauungen der Kirche mit der modernen Denkweise eines Kant, Schleiermacher, Ritschl, Harnack u. a. zu versöhnen und so eine Art „liberalen Katholizismus" als Seitenstück zum „liberalen Protestantismus" zu begründen. Als Vertreter eines solchen „Reformkatholizismus" sind vor allem Josef Müller, Albert Ehrhard und Hermann Schell (1850—1906) zu nennen. Schells Hauptwerke sind die „Katholische Dogmatik" (1889—1890), „Die göttliche Wahrheit des Christentums" (1895—1896) und die „Apologie des Christentums" (1901). In seiner Schrift „Der Katholizismus als Prinzip des Fortschritts" (1897) bekämpfte Schell die Vorherrschaft des romanisch-jesuitischen Elementes in der katholischen Kirche, die Wundersucht, die Bevormundung des Laientums durch die Geistlichkeit usw., und stellte er dem kulturell zurückgebliebenen Katholizismus einen idealen Katholizismus gegenüber, der, frei von aller Einseitigkeit, Unduldsamkeit und mittelalterlichen Beschränktheit, das echte katholische Christentum vertreten sollte. Die Schrift wurde nebst den früheren Werken Schells auf den Index der verbotenen Bücher gesetzt, worauf ihr Verfasser sich unterwarf und damit seinen Ideen selbst das Lebenslicht ausblies.

Der Individualismus.

Unter allen bisher genannten Philosophen des letzten Drittels des 19. Jahrhunderts hat keiner, außer höchstens Eucken, eine tiefere Wirkung über die Grenzen der Schule hinaus auszuüben vermocht. Nur einer hat mit seinen Gedanken die weitesten Kreise beeinflußt und vor allem auch das gesamte europäische Schrifttum und die Kunst befruchtet, wenn diese Wirkungen auch erst in das zwanzigste Jahrhundert hineinfallen:

Friedrich Nietzsche.

Geboren am 15. Oktober 1844 in Röcken bei Lützen, einer thüringischen Pastorenfamilie entstammend, verlebte dieser seine Jugend in Naumburg a. S. und erhielt seine humanistische Bildung in Schulpforta. Auf den Universitäten in Bonn und Leipzig war er Schüler des Philologen Ritschl und wurde auf dessen Empfehlung 1869 als Professor der klassischen Philologie nach Basel berufen, ein Amt, das er jedoch schon 1879 wegen eines schweren Migräne- und Augen- (Gehirn-?) leidens niederzulegen gezwungen war. Von jetzt an brachte er als „irrender Flüchtling" den größten Teil des Jahres teils im Süden, in Oberitalien und der Riviera, teils im Ober-Engadin zu, unermüdlich in der Ausarbeitung seiner meist in aphoristischer Form gehaltenen Gedanken tätig. Dann führte in den ersten Tagen des Jahres 1889 der Ausbruch einer unheilbaren Geisteskrankheit seinen vollständigen Zusammenbruch herbei. So lebte er unter der sorglichen Pflege seiner Mutter bis zu deren Tode 1897 in Naumburg und weiterhin unter derjenigen seiner Schwester in Weimar, bis ihn am 25. August 1900 der Tod von seinen Leiden erlöste.

Die von ihm selbst herausgegebenen Werke sind: „Die Geburt der Tragödie aus dem Geiste der Musik" (1872); „Unzeitgemäße Betrachtungen": „David Strauß, der Bekenner und Schriftsteller" (1873); „Vom Nutzen und Nachteil der Historie für das Leben" (1874); „Schopenhauer als Erzieher" (1874); „Richard Wagner in Bayreuth" (1876); „Menschliches, Allzumenschliches, ein Buch für freie Geister" (1878) mit dem Anhang „Vermischte Meinungen und Sprüche" (1879) und „Der Wanderer und sein Schatten" (1880), alles zusammen als neue Ausgabe in zwei Bänden (1886); „Morgenröte. Gedanken über moralische Vorurteile" (1881); „Die fröhliche Wissenschaft" (1882); „Also sprach Zarathustra" (erster bis dritter Teil 1883—1884, vierter Teil 1891); „Jenseits von Gut und Böse. Vorspiel zu einer Philosophie der Zukunft" (1886); „Zur Genealogie der Moral" (1887); „Der Fall Wagner" (1888); dasselbe zusammen mit „Nietzsche contra Wagner" (1900); „Die Götzendämmerung" (1889). Nach seinem Tode erschien alsdann „Ecce homo" (1908). Die erste größere Gesamtausgabe seiner Werke erschien in 15 Bänden seit 1895, in zwei Abteilungen, wovon die erste (Bd. 1—8) die Werke, die zweite (Bd. 9—16) den Nachlaß enthielt. Eine billigere Gesamtausgabe mit demselben Inhalt, nur in kleinerem Format (sogenannte „Kleine Ausgabe") erschien 1899 bis 1912. Eine noch billigere sogenannte Taschenausgabe erschien 1906 in 10 Bänden, denen 1913 ein elfter folgte. Als maßgebende Ausgabe gilt die neue große Gesamtausgabe in 19 Bänden (1905—1913). Sie enthält außer den Werken und dem Nachlaß in einer dritten Abteilung auch die Philologica Nietzsches. „Das Leben Nietzsches" ist von seiner Schwester Frau Elisabeth Förster-Nietzsche (1895—1904) beschrieben. Vgl. auch deren Bücher „Der junge Nietzsche" (1912) und „Der einsame Nietzsche" (1913). Von den zahlreichen Werken über Nietzsche seien hier nur als Verfasser genannt: Lou Andreas-Salomé, Alois Riehl, Henri Lichtenberger, Theobald Ziegler, Ernst Horneffer, Hans Vaihinger, Raoul Richter, C. Albr. Bernoulli, Georg Simmel, Richard M. Meyer. Siehe auch mein Werk: „Nietzsches Philosophie" (1904).

Nietzsche ist von Schopenhauer ausgegangen. In seiner „Geburt der Tragödie" steht er ganz unter dessen Einfluß, doch zeigt die Schrift sowohl inhaltlich wie formell auch starke Anklänge an Richard Wagner, den Nietzsche bereits als Student in Leipzig persönlich kennengelernt hatte und dessen Freundschaft er seit 1869 genoß. Wie Schopenhauer, faßt er die Welt als Erzeugnis eines leidvollen absoluten Willens auf, welches dieser als „ästhetisches Phänomen" hervorgebracht hat, um sich dadurch von seinem Leiden zu erlösen, und deren Dasein er durch diese Beziehung zur Kunst „ewig gerechtfertigt" sein läßt. Die Fähigkeit, die Welt als Kunstwerk zu erschaffen bzw. die Wirklichkeit im Kunstwerk nachzubilden, bezeichnet Nietzsche als das apollinische Vermögen. Vermittelst seiner stellt der Künstler die innerliche Welt seiner Gefühle und Stimmungen in objektiven Gestalten und Erscheinungen aus sich heraus und läßt uns darin, wie in den bildenden Künsten und der epischen Dichtkunst, die Welt als Vorstellung, als Schein und Traum erfahren. Ihm entgegen steht das dionysische Vermögen. Es beruht auf der Willensnatur der Welt, vermittelt dem Menschen in der mystischen Einheitsempfindung mit dem Absoluten das Bewußtsein seiner Göttlichkeit, kündigt sich ihm als Rausch an und findet in der unbildlichen Kunst der Musik seinen ästhetischen Ausdruck, von welcher Schopenhauer gezeigt haben soll, daß sie nicht, wie die andern Künste, nur ein Bild des Alls liefert, sondern einen unmittelbaren Ausdruck des Weltwillens selber darstellt. Durch das Zusammenwirken beider Vermögen oder Triebe soll nach Nietzsche die attische Tragödie entstanden und diese daran zugrunde gegangen sein, daß mit Sokrates der theoretische Optimismus der Wissenschaft in die Höhe kam und der pessimistischen Grundstimmung des Griechentums, worin die Tragödie wurzelte, ein Ende machte. Aus dem Siege über jenen Optimismus durch Kant und Schopenhauer und der Erneuerung des dionysischen Geistes durch das Wagnersche Musikdrama, in welchem die Tragödie aus dem Geiste der Musik neu erstanden sei, und somit aus der Vereinigung des deutschen und des griechischen Wesens erhofft sich Nietzsche eine neue Kultur, die er als die „Kultur der tragischen Erkenntnis des Lebens" bezeichnet. Litt er doch selbst, ebenso wie Wagner, tief unter der Kulturlosigkeit seines Zeitalters und betrachtete es daher als seine Lebensaufgabe, einer neuen höheren Kultur die Bahn zu ebnen.

Zu diesem Zwecke schrieb er seine „Unzeitgemäßen Betrachtungen". Sie verfolgen das Ziel, die Widerstände einer solchen Kultur aufzuzeigen und zugleich den Weg zu ihrer Verwirklichung zu weisen. So wandte er sich in der Schrift über David Strauß mit vernichtendem Spotte gegen den Verfasser des „Alten und des neuen Glaubens" und bekämpfte in ihm den „Bildungsphilister" als den typischen Vertreter aller derjenigen, die dem abgöttisch von ihm verehrten „dionysischen Künstler" Wagner feindselig gegenüberstanden. So wog er in der zweiten Unzeitgemäßen den Nutzen und Nachteil der Historie für das Leben gegeneinander ab und verwarf den Historizismus seiner Gegenwart, weil die geschichtliche Betrachtungsweise das Handeln lähmt, zu viel Rücksicht auf das historisch Gewordene nehmen läßt und unter dem Bewußtsein, Nachfahre zu sein, den Blick für das Große der eigenen Zeit verschleiert. Dabei wendet sich Nietzsche auch gegen die von Hegel aufgestellte und durch Hartmann erneuerte Auffassung des Weltprozesses als fortschreitender Verwirklichung der Vernunft. Im Hinblick auf Wagner erklärt er den großen

Einzelnen für den Sinn der Geschichte und stellt die Behauptung auf, das Ziel der Geschichte liege nicht an ihrem Ende, sondern vielmehr in ihren höchsten Exemplaren.

Ein wesentliches Hemmnis der Kultur sieht Nietzsche darin, daß die Menschen unserer Zeit verlernt haben, nach eigenem Gesetz zu leben. Sie lassen sich aus Furcht vor dem Herkömmlichen, aus Bequemlichkeit und anderen Gründen von fremden Meinungen und Dingen bestimmen und wagen nicht, sie selbst zu sein. Ohne innere Freiheit aber gibt es keine Kultur. Und so fordert er in seiner dritten unzeitgemäßen Betrachtung die Menschen zur Selbstbefreiung auf und stellt ihnen in der Persönlichkeit Schopenhauers einen Philosophen vor die Augen, der ihnen durch seine eigene Ehrlichkeit und Unerbittlichkeit als Erzieher zur Selbstbefreiung und als Führer auf dem Wege zu ihrem wahren Wesen dienen könne. Er ist für Nietzsche der Typus des „schöpferischen Menschen", und schöpferisch zu sein, den Genius in sich zu entbinden oder, da nicht jeder selbst ein Genius sein kann, sich in den Dienst der lebenden Genies zu stellen, „die Erzeugung des Philosophen, des Künstlers und des Heiligen in und außer uns zu fördern" und dadurch seinem Leben Wert zu verleihen, das gilt Nietzsche als das wahre Ziel der Kultur. Er nennt es die „erste Weihe der Kultur", sein Herz an einen großen Menschen zu hängen, und sucht damit im Grunde nur sein eigenes Verhältnis gegenüber Wagner vor seinem Bewußtsein zu rechtfertigen. —

Aber schon drängt es Nietzsche, mit diesem Verhältnis ein Ende zu machen, um sich nicht ganz an den bewunderten Freund zu verlieren und endlich auch zu sich selbst zu kommen. Wohl schreibt er in der vierten Unzeitgemäßen eine Verherrlichung Wagners, die den Meister von Bayreuth als den zweiten großen schöpferischen Menschen und bestimmende Kulturmacht einem Schopenhauer an die Seite stellt, aber nicht ohne inneres Widerstreben; und der Besuch der Festspiele zu Bayreuth im August 1876 führt den völligen Bruch mit Wagner herbei, der nicht zuletzt in der Eitelkeit und dem wachsenden Selbstbewußtsein Nietzsches seine Erklärung findet. Ist doch von nun an seine ganze Philosophie in gewissem Sinne gar nichts anderes als eine einfache Umkehrung von Wagners Weltanschauung, so zwar, daß Nietzsche in allen wesentlichsten Punkten seiner Denkweise das gerade Gegenteil von dem behauptet, was hierüber Wagners Ansicht ist [1]).

Das tritt schon in der Abkehr Nietzsches von Schopenhauer und seiner Hinwendung zur Aufklärung zutage, wie sie für seine erste große Aphorismensammlung „Menschliches, Allzumenschliches" bezeichnend ist. Nietzsche beginnt mit ihm seine zweite sogenannte positivistische Periode. Er nennt sein Werk ein „Buch für freie Geister" und widmet es dem Andenken Voltaires zu dessen 100jährigem Todestage. Hier bricht er mit der gesamten romantischen Weltanschauung, wie er sie vorher unter Wagners Einfluß vertreten hatte, der romantischen Philosophie wie der romantischen Musik, der Kunstvergötterung wie dem ästhetischen und metaphysischen Idealismus, um sich dafür rein auf den Standpunkt der Erfahrung zu stellen. Gedanken Albert Langes und Dührings, die Auffassung der Metaphysik als Begriffsdichtung, der Welt als bloßer menschlicher Vorstellung und Zurechtmachung im biologischen Sinne, die Hochschätzung der Naturwissenschaft, des Materialismus, die „Wirklichkeitsphilosophie", die heldische Lebensauffassung usw. werden jetzt zum Inhalt seiner rein ins Individualistische gewandten Weltanschauung und erfahren eine immer eigentümlichere Zuspitzung und immer persönlichere Betonung. Nicht mehr das Dionysische, der Rausch,

[1]) Siehe meinen Aufsatz „Nietzsche als Antipode Wagners" in den Preuß. Jahrbüchern, Bd. 175, Januar 1919

die Ekstase, die Leidenschaft, überhaupt das Gefühl, sondern das Denken wird von Nietzsche gefeiert. Schlichtheit, Einfachheit und Ruhe gelten ihm als die Kennzeichen einer wahren Kultur. An Stelle der unbewußten künstlerischen Phantasie wird der bewußte Verstand gepriesen. Statt der Kunst soll die Wissenschaft in ihrer Nüchternheit und Exaktheit die Lebensführung übernehmen, und nicht der Künstler, sondern der „Freigeist", der sich im Sinne Epikurs von allen hemmenden Schranken und Vorurteilen freigemacht hat und lediglich der Stimme seiner Vernunft Gehör gibt, wird als der echte Kulturmensch gefeiert. Zu jenen Vorurteilen aber rechnet Nietzsche nicht bloß die Metaphysik, sondern auch die Moral, sofern sie vom Menschen ein unegoistisches Handeln fordert, während der Mensch, wie Nietzsche mit Paul Rée, dem Verfasser der Schrift „Über den Ursprung der moralischen Empfindungen" (1877) behauptet, doch nur egoistisch handeln könne. Insbesondere aber bekämpft er die Mitleidsmoral eines Schopenhauer und Wagner, weil sie auf metaphysischer Grundlage ruht, die Wesenseinerleiheit der Individuen voraussetzt, also die Einzigkeit und Selbständigkeit des Einzelnen leugnet, und wendet er sich gegen die Religion sowie gegen den nationalen Staat, letzten Endes aus keinem anderen Grunde, als weil diese alle den Menschen daran hindern, er selbst zu sein, und ihn einem fremden Gesetze unterwerfen.

Wie wenig Nietzsche an der Moral als solcher etwas gelegen ist, wie es ihm lediglich darauf ankommt, das Individuum zu verherrlichen, das Ich zu völliger Freiheit hinzuführen, ihm die Möglichkeit des Eigenlebens zu gewährleisten und dabei vor allem auch sich selbst von allem ihm nicht wesentlich Zugehörigen zu befreien, das lassen die „Morgenröte" und die „Fröhliche Wissenschaft" immer deutlicher hervortreten. Hier gelten die moralischen Urteile für „Vorurteile" wegen ihrer den Einzelnen beschränkenden Kraft. Hier wird eine „neue

Moral" gefordert, die doch nur auf der einfachen Umkehr der bisherigen Moral, d. h. auf der Entfesselung der blinden Triebe, beruhen soll. Das Leben selbst als solches gilt Nietzsche unlogischerweise als der höchste Wert des Lebens, als ob der blinde Lebenswille etwas anderes wollen könnte als sich selbst! Und indem er sich zum „Immoralismus", zur reinen Verherrlichung des Willens, genauer des „Willens zur Macht" bekennt, die von ihm als die positive Kehrseite der bloß negativ bestimmten Freiheit aufgefaßt wird, bekämpft er den aus übergroßer Empfindlichkeit entsprungenen Pessimismus, an dem er doch selbst im Grunde festhält, beginnt er, für die heldischen Menschen als die „großen Schmerzbringer der Menschheit" zu schwärmen, begeistert er sich für die Renaissance wegen ihrer großen Verbrecher, liegt er bewundernd vor den Cäsaren und Gewaltmenschen auf den Knien und preist er ihre sittliche Verworfenheit als den herrlichen Ausdruck ihres Machtwillens. Der Wille zur Macht wird ihm zum Willen zur Vergewaltigung. Schon taucht der größenwahnsinnige Plan einer „Umwertung aller Werte", einer neuen Einschätzung aller Dinge bei Nietzsche auf. Auch die Wirklichkeit soll das Individuum nicht mehr bestimmen. Der echte Freigeist, der Philosoph, bestimmt sie von sich aus. Er stellt „neue Tafeln der Werte" auf und verändert mit dem Namen auch zugleich den Sinn der Dinge. Damit wird der Werte schaffende Philosoph zu weltschöpferischer Bedeutung erhoben. Nietzsche träumt von einem neuen Menschentypus, dem „Übermenschen", halb darwinistisches Züchtungsprodukt, halb Geschenk des Zufalls, in welchem er die volle Freiheit verwirklicht erschaut und den er als den „Sinn der Erde" feiert. Er soll Philosoph, Künstler, nämlich der Inbegriff aller schöpferischen Kräfte des Menschen, und Gott in einem sein, ein irdischer Gott, der wahre „Gottmensch" der nicht bloß den Willen, sondern auch die Macht hat, der Welt ein neues Gesetz vorzuschreiben, die große Umwertung zu vollziehen und damit den reinen, nur auf sich selbst gestellten Menschen in absoluter Weise zu verwirklichen. Er soll der wahre Welterlöser sein, sofern er sie von aller Rücksicht auf andere, das Individuum von allen Schranken seines Ich befreit, und dies nicht durch Verneinung des Lebens, wie bei Wagner, sondern dadurch, daß er es bejaht allem Leid und Pessimismus zum Trotz. Auf seine Erzeugung hinzuwirken, ihm nachzueifern, alle Schranken seines eigenen Daseins niederzureißen, sich selbst zum Übermenschen hinaufzuentwickeln, das ist die wirkliche Erlösung. —

Mit solchen Gedanken kehrt Nietzsche in seiner dritten Periode zu denjenigen der ersten zurück. Er bekennt sich wieder zur Willenslehre Schopenhauers, nur jetzt in individualistischer statt in monistischer Gestalt und ins Positiv-Optimistische gewendet. Ja, er kehrt sich jetzt ausdrücklich gegen den „Despotismus der Wissenschaft", die mit ihren „kleinen Wahrheiten" dem Leben alle Wucht und Schwere nehme, und sucht eine Art Ersatz für die abgelehnte metaphysische und religiöse Weltanschauung in dem Gedanken der „ewigen Wiederkunft" oder der „Wiederkehr des Gleichen", der das Leben fördern soll, indem er die Kräfte stählt, die Schwachen ausmerzt, die jene Gedanken nicht ertragen können, und durch die Auslese der Besten, d. h. der Willensstarken, die heutige erkrankte Menschheit über sich selbst hinaus steigert und dadurch gleichfalls zur Züchtung des Übermenschen beiträgt. In „Also sprach Zarathustra" gibt Nietzsche seinem neuen Standpunkt einen prophetischen Ausdruck. Zarathustra ist der Verkündiger des Übermenschen und zugleich dessen idealer Vertreter selbst. Wenn Wagner unter dem Einflusse Gobineaus der herrschenden „Degeneration" durch Parsifal, den Heiland und Vertreter der „Regeneration", hatte steuern wollen, so hofft auch Nietzsche auf ein Ende der „Décadence" und stellt dem sanften Helden Wagners, dem Verkündiger der Erlösung durch das

Mitleid, seinen willensgewaltigen Zarathustra, den Vertreter einer Religion der Kraft, des Machtriebes, der absoluten Selbstherrlichkeit und Rücksichtslosigkeit des Willens entgegen. Nicht Mitleid tut der Welt not, sondern Leid und tatkräftige Überwindung des Leides. Zarathustra bedeutet das Ende der Décadence, sofern er sich lachend über alles Leid hinwegsetzt und durch unbehinderte Betätigung seines Ich die Gesundung der erkrankten Triebe herbeiführt. Diese neue Religion des Zarathustra ist eine reine Diesseitsreligion: „Ich beschwöre euch, meine Brüder, bleibt der Erde treu und glaubt denen nicht, welche euch von überirdischen Hoffnungen reden! Giftmischer sind es, ob sie es wissen oder nicht." „Einst war der Frevel an Gott der größte Frevel, aber Gott starb, und damit starben auch diese Freveltaten. An der Erde zu freveln ist jetzt das Furchtbarste." An der Erde aber frevelt man durch Hingabe an die „Hinterwelt" der Metaphysik, durch Versenkung in das Leid sowie durch Unterwerfung seines eigenen unter irgendwelchen fremden Willen. Nietzsches Buch ist als Gegenstück zu Wagners Musikdrama „Parsifal" entstanden. Es predigt in allen Stücken nur die gerade Umkehrung von Wagners Weltanschauung, wobei der Rhythmus und die gehobene Sprache dazu dienen sollen, den Zauber der Musik bei Wagner zu ersetzen.

In „Jenseits von Gut und Böse" unternimmt Nietzsche es zum ersten Male, seine neue Anschauung systematisch auszugestalten. Dabei erfährt unter dem wachsenden Einfluß der Geisteskrankheit alles Einzelne zugleich eine immer schärfere Zuspitzung und Steigerung ins Gewaltsame, Grasse und Absonderliche. So vor allem auch seine erkenntnistheoretischen Ideen. Nietzsche betrachtet hier das gesamte Erkennen rein unter dem biologischen Gesichtspunkte und nimmt damit Gedanken vorweg, die im amerikanischen Pragmatismus (James) sowie bei den deutschen Positivisten und in der Philosophie des

„Alsob" ihre bestimmtere Fassung erhalten haben. Die Falschheit eines Urteils ist kein Einwand gegen das Urteil. Die Frage ist, wie weit es lebenfördernd, lebenerhaltend, arterhaltend, vielleicht gar artzüchtend ist, und Nietzsche ist geneigt zu glauben, daß die falschesten Urteile uns die unentbehrlichsten sind, weil wir ohne sie nicht leben können. Wahrheit hat nur einen Wert als Mittel zum Leben und ist lediglich durch diesen Gesichtspunkt bestimmt. So ist auch die Welt, die uns etwas angeht, aus diesem Grunde vielleicht nur eine Fiktion. Das bestimmende Prinzip unserer Logik ist der Lebenswille oder Wille zur Macht, und auch die Kategorien sind nur insofern Wahrheiten, als sie lebenbedingend für uns sind. Der eigentliche Schöpfer der Welt ist der Philosoph, der die Dinge nach eigenem Maße und Gewichte feststellt und seinen Machtwillen im Erfinden und Befehlen dessen, was für wahr angesehen werden soll, bekundet. Er macht auch zugleich aller bisherigen Moral ein Ende, die immer nur „Herdentiermoral" gewesen ist, den verschiedenen Persönlichkeiten das gleiche Gesetz aufzuerlegen versucht und ein Stück Tyrannei gegen die Natur wie gegen die Vernunft bedeutet. Die „neue Moral" soll eine solche für Herren sein, indem sie den egoistischen Machtwillen selbst zum Prinzip des menschlichen Handelns erhebt. Dabei gefällt Nietzsche sich jetzt immer mehr darin, den Begriff der Macht, wofür er schwärmt, ins Grausame, Raubtierhafte, Böse umzudeuten. Er erblickt in einer Verbrechernatur wie Cesare Borgia einen idealen Vertreter seiner Anschauung. Er begeistert sich für die „blonde Bestie"; und wenn er denn schon in die vielen abstoßenden Züge seines Ideals auch solche von edlerer Beschaffenheit mischt, wenn sein höherer Mensch der Zukunft immer aristokratischere Formen annimmt und Nietzsche den Gleichheitslehren der Demokratie, des Christentumes und des Sozialismus gegenüber die „Vornehmheit", den Glauben an sich, den Stolz auf sich, die Ehrfurcht vor sich selbst betont und das „Pathos der Distanz" predigt, so hat dies alles bei ihm doch im Grunde keinerlei moralische Bedeutung, sondern ist nur als der Ausdruck seiner eigenen aristokratischen Natur, seiner Vereinsamung, Selbstüberhebung und Verachtung der „viel zu Vielen" aufzufassen.

Die „Genealogie der Moral" läßt die Begriffe „gut" und „schlecht" sich aus den Begriffen „vornehm" und „niedrig" entwickelt haben, so zwar, daß „schlecht" (= schlicht) ursprünglich nur die bloße Verneinung von „gut" bedeutete, womit die Vornehmen sich selbst bezeichneten, um sodann unter dem Einflusse des Hasses der niedrig Geborenen und Gemeinen gegen die Hohen selbst die Bedeutung von „gut" anzunehmen, während das von den Vornehmen sogenannte Gute im Munde des Gemeinen die Bedeutung des Bösen und Schlechten erhielt. Das ist der von Nietzsche sogenannte „Sklavenaufstand in der Moral", durch welchen eine vollständige Umwertung der bisherigen Herrenwerte vollzogen und der ursprüngliche Unterschied der Herrenmoral und Sklavenmoral in sein gerades Gegenteil verkehrt wurde.

Als die widerlichste Form des Sklavenaufstandes in der Moral betrachtet Nietzsche das Christentum. Es gilt ihm als der hauptsächlichste Vertreter des „plebejischen Ideals", das „mit seiner Moral auf Schädigung des stärkeren, höher gearteten männlicheren Typus hinausläuft und eine Herdenart Mensch begünstigt". Die christliche Moral ist ein Erzeugnis der Masse, der Schwachen und Kranken, um diejenige der Starken zu erschüttern, und hat die ganze Menschheit krank gemacht. In seinem „Antichrist" wendet Nietzsche sich mit fanatischem Hasse gegen diese „feige, femininische, zuckersüße Bande" der Christen und bezeichnet er das Christentum als den „unsterblichen Schandfleck der Menschheit". „Es ist unanständig, heute Christ zu sein." Worauf es Nietzsche dabei ankommt, ist, der dekadenten christlichen Moral gegenüber die

Moral der Starken, Gesunden und Vornehmen wieder zur Geltung zu bringen, eine Moral, die ihre Stellung jenseits von Gut und Böse einnimmt. Ob eine solche den Namen der Moral verdient, bekümmert ihn nicht, da es ihm wie gesagt überhaupt nicht um Moral, sondern lediglich darum zu tun ist, die menschliche Freiheit sicherzustellen, und er die sittliche Selbstgesetzgebung mit Selbstgesetzgebung überhaupt verwechselt. In einem großen systematischen Werke, das den Titel führen sollte „Der Wille zur Macht. Umwertung aller Werte", dachte er, seine Ansicht zur Ausführung zu bringen. Es ist dazu nicht gekommen. Während er noch mit der Zusammenstellung des Stoffes beschäftigt war, brach das Ende über Nietzsche herein. Der absolute Freigeist, der im Grunde immer nur sich selbst gesucht hatte, wurde auch von seinem Geiste frei, und indem er auch sein Ich zu überwinden und über sich selbst hinauszugelangen strebte, verfiel er, da er ein absolutes metaphysisches Selbst nicht anerkannte, der Selbstzerstörung, der Nacht der Bewußtlosigkeit, dem Wahnsinn. Seine autobiographische Selbstdarstellung „Ecce homo", die als Einleitungsschrift zum „Willen zur Macht" gedacht war, zeigt bereits alle Zeichen des Größenwahnsinns. —

Vielleicht dürfte eine unbefangenere Prüfung seiner Gedanken, als sie den Heutigen genehm ist, zeigen, daß die Spuren der Krankheit viel weiter bei Nietzsche zurückreichen, als man dies im allgemeinen zuzugeben geneigt ist. Jedenfalls hat der offenkundig rein persönliche und subjektive Charakter seiner Gedanken deren Wirksamkeit keinen Abbruch getan, da Nietzsche der einflußreichste Denker ist, den die deutsche Philosophie des gesamten 19. Jahrhunderts neben Hegel und Schopenhauer hervorgebracht hat. Zumal auf künstlerische Kreise und die Jugend hat Nietzsche durch die Neuheit, Kühnheit und Eigenart seiner Schreibweise, die sich trotz zahlreicher Absonderlichkeiten und Geschmacklosigkeiten, besonders in den

Schriften seiner letzten Periode, oft zu hoher musikalischer und dichterischer Wirkung erhebt, einen geradezu bezaubernden Einfluß ausgeübt, und ein Geschlecht, das gar nicht mehr weiß, was Philosophie eigentlich ist, eine Philosophie, die alle Achtung vor sich selbst verloren hat und gedankenlos dem Zeitgeiste schmeichelt, haben es fertiggebracht, diesen völlig abseits stehenden, eigenwilligen, auf alles andere als auf Wahrheit gerichteten, von Wissenschaftlichkeit und Sachlichkeit ganz und gar verlassenen Denker den „großen" Philosophen zuzurechnen.

Was nun jenen Einfluß selbst betrifft, so ist zwar die Ausdeutung der Idee des Übermenschen im Sinne des Sichauslebens keineswegs die Meinung Nietzsches, der vielmehr ein Gegner des Sinnengenusses und des Eudämonismus ist, aber er hat ihr doch nicht genügend vorgebaut, und die ganze Beschaffenheit seiner Philosophie ist nur zu sehr geeignet, die Unreifen zu verwirren, die Zeit mit Schlagworten statt mit Gedanken zu versehen und eine Gesinnung großzuzüchten, die mit ihrem Pochen auf den „Willen zur Macht" in der Ungeistigkeit und dem Machtrausch des heutigen zivilisierten Menschen ihren bezeichnenden Ausdruck gefunden hat. Unter den zahlreichen zersetzenden Mächten in Deutschland während der letzten zwanzig Jahre ist Nietzsches Philosophie nicht die ungefährlichste gewesen. Man hat ihn den Rousseau des 19. Jahrhunderts genannt. Er ist es auch in dem Sinne, daß, wie jener die Revolution von 1789, er derjeniger von 1918 mit seiner Bekämpfung des nationalen Staates, seiner abstrakten Schwärmerei für den „guten Europäer" usw. in der wirksamsten Weise vorgearbeitet, so wie er mit dem Deutschenhasse seiner letzten Jahre auch nicht wenig dazu beigetragen hat, den Ruf seiner Landsleute im Auslande zu schädigen, das Mißtrauen gegen die Deutschen großzuzüchten und damit eine Saat auszustreuen, von welcher wir jetzt die Früchte ernten. Daß er außerdem durch seinen Kampf für den Wert und das

Recht der Persönlichkeit gegen öde Gleichmacherei sowie durch die Aufrichtung des Ideals heldenhafter Gesinnung für viele ein Befreier gewesen ist, soll hiermit nicht geleugnet werden. Aber da es seiner Philosophie an jeder brauchbaren positiven Unterlage und Zielsetzung fehlt, der gewöhnliche Leser aus allen seinen Äußerungen über Moral, Staat, Religion, Kultur usw. immer nur das Nein heraushören wird, so wird man seinen Einfluß im ganzen kaum einen guten nennen und die ungeheure Wirkung dieses Denkers auf die Jugend sich am Ende nur daraus erklären können, daß die amtsförmliche Philosophie diesem „Rattenfänger" kein Gegengewicht zu bieten gehabt und die philosophische Scholastik der Universitäten nichts getan hat, um die nach Weltanschauung hungernden jungen Seelen rechtzeitig gegen den zersetzenden Einfluß von Nietzsches Philosophie zu feien.

Schluß.

Überblickt man das Bild, das die Philosophie des 19. Jahrhunderts im ganzen darbietet, so ist es wenigstens in seinen letzten beiden Dritteln kein erfreuliches.

Die vorangegangene Spekulation hatte nach einem unerhört kühnen und genialen Gedankenfluge in der Hegelschen Philosophie ihren Höhepunkt erreicht und in dessen Dialektik endlich die Methode gefunden, die allein imstande zu sein schien, das ersehnte Ziel einer apodiktisch gewissen Wirklichkeitserkenntnis zu erreichen. Die Enttäuschung über das Versagen dieser Methode und die Ernüchterung nach dem Zusammenbruche der Hegelschen Philosophie hatten eine vollständige Zerrüttung der bisherigen Denkweise und eine gänzliche Verwirrung auf philosophischem Gebiete zur Folge. Man erkannte die Notwendigkeit, sich mehr als bisher der Erfahrung zuzuwenden und die Ergebnisse vor allem der

Naturwissenschaft mit denjenigen des Denkens auszugleichen. Aber da man nach wie vor dem Trugbild einer apodiktischen Erkenntnis nachjagte und in diesem Sinne die Erfahrung sich nach dem Gesichtspunkte jener Erkenntnis zurechtlegte, bzw. die apodiktische Gewißheit durch die Berücksichtigung der Erfahrung aufhob, kam man über ein unsicheres Schwanken zwischen Erfahrung und Denken nicht hinaus und gelangte dahin, entweder den erkenntnistheoretischen Standpunkt durch die Erfahrung oder diese durch jenen zu verfälschen und keinem von beiden sein volles Recht zu geben. Die Verwerfung der Metaphysik, ja, die gänzliche Bankrotterklärung aller Erkenntnis, die vollständige Verzweiflung an der Möglichkeit, das Wirkliche erkennen zu können, wie sie das, freilich meist uneingestandene, Ergebnis des Positivismus darstellt, war außer einer ungeheueren Verengung des Gesichtskreises die eine Folge davon, daß man nur die apodiktische Erkenntnis als eine solche gelten lassen wollte und sie dadurch zu erreichen glaubte, daß man sich ängstlich auf den Standpunkt der sogenannten reinen Erfahrung zurückzog. Die andere war der Kritizismus, die Erneuerung der Gedankenwelt **Kants**, die das Denken aus demselben Grunde durch einen dogmatischen Machtspruch in die Grenzen des Bewußtseins einsperrte und gleichfalls die Metaphysik als unwissenschaftlich ablehnte, weil man aus Gründen der apodiktischen Gewißheit das Sein mit dem Bewußtsein und dieses ebenfalls mit der Erfahrung gleichsetzte. Die Lösung der bestehenden Verlegenheit durch den Verzicht auf apodiktische Erkenntnis und die Anerkennung des Prinzips des Unbewußten blieb eindruckslos, weil wissenschaftliche und religiöse Vorurteile, die Abneigung gegen die Metaphysik und die Besorgnis für die Persönlichkeit und damit die Bewußtheit Gottes zusammenwirkten, um das Unbewußte abzuweisen, und die Kathederphilosophie um den unzünftigen **Hart-**

mann sich nicht weiter glaubte bekümmern zu müssen. So spann diese Philosophie sich immer mehr in das filigranartige Begriffsgewebe einer unfruchtbaren Scholastik tüchtiger, scharfsinniger, gelehrter, um ihre Wissenschaftlichkeit ängstlich besorgter, aber ungenialer Denker ein, die sie immer mehr zu einer Sache der bloßen Schule machten, sich im Aufstellen und Lösen von Doktorfragen gefielen und die Philosophie jeden Einflusses auf die lebendige Wirklichkeit beraubten. Erst um die Wende des 19. Jahrhunderts machten sich Anzeichen eines „Erwachens des philosophischen Triebes" bemerkbar. Bezeichnenderweise ging er jedoch nicht von der Universitätsphilosophie, sondern von einem Nietzsche aus.

Daß dieses erneute Bedürfnis nach philosophischer Weltanschauung bisher eine wirkliche Befriedigung erhalten hätte, wird man nicht behaupten können. Nach wie vor spielt die Fachgelehrsamkeit in der Philosophie die erste Rolle. Ein emsiger Betrieb auf den philosophischen Einzelgebieten waltet an Stelle der Synthese vor. Man sehnt sich freilich nach einer solchen und ruft nach dem philosophischen „Messias", während man sich selbst inzwischen mit toter Gelehrsamkeit oder einem eklektischen Epigonentum begnügt und innerlich längst überwundene Gedanken für funkelnagelneue Weisheit ausgibt. Man fährt fort, nach der Möglichkeit zu suchen, die Philosophie in den Rang einer „strengen Wissenschaft" zu erheben, und wetzt nach einem Ausspruch Lotzes beständig die Messer, ohne im Grunde etwas zu schneiden zu haben, allein von einem wirklichen Aufschwung der Philosophie ist kaum irgend etwas zu bemerken. Der Geist des Alexandrinismus triumphiert, und die weitverbreitete Verzweiflung an aller Philosophie findet ihren Ausdruck in dem Umsichgreifen des Relativismus auf fast sämtlichen Gebieten der Wissenschaft, in dem Interesse für den amerikanischen Pragmatismus mit seiner Annahme der bloß biologischen

Bedeutung des Wahrheitsbegriffes — man erinnere sich des oben (S. 118) erwähnten Ausspruchs eines hervorragenden Vertreters der Universitätsphilosophie, wonach die Wahrheit sozusagen durch die Ellenbogenkraft ihrer Verkündiger bestimmt wird —, in dem Beifall, den eine „Philosophie des Alsob" bei den Zeitgenossen findet, vor allem aber in dem Heißhunger, mit welchem ein Werk wie Spenglers „Untergang des Abendlandes" nicht zuletzt gerade von der heutigen studierenden Jugend verschlungen wird.

In der Tat: es ist Untergangsstimmung, die Stimmung der Philosophie des ausgehenden Altertums, die für den unbefangenen Beobachter auf dem gegenwärtigen philosophischen Geistesleben lastet. Die Metaphysik scheint in der Hartmannschen Philosophie ihre letzten großen Möglichkeiten erschöpft zu haben. Standpunkte von grundsätzlicher Bedeutung sind vorläufig wenigstens am philosophischen Himmel nicht erkennbar. Die alten Weltanschauungen genügen den Menschen des 20. Jahrhunderts nicht mehr. Neue sind auf dem Boden der bisherigen Erkenntnis nicht zu erhoffen. Man möchte die Philosophie gern „in den Dienst des Lebens" stellen. Man erhebt das „Leben" zum Weltprinzip und redet viel von einer „Lebensphilosophie", aber das ist nur eine Modephrase und ein Geschwätz, hinter dem, wenn überhaupt etwas, sich nur der alte Irrtum von einem unmittelbaren Bewußtsein des Seins, einem unmittelbaren „Erleben" der Wirklichkeit verbirgt. „Leben" ist kein „Urphänomen"; es ist selbst ein Problem und kann daher vernünftigerweise auch nicht zur Grundlage einer Weltanschauung erhoben werden und zur Erklärung irgendeiner Tatsache dienen. Auch ist von wirklichem Leben in den Bemühungen um eine solche Lebensphilosophie wenig genug zu finden. Die Schönrednerei und das geistreiche Spiel mit Gedanken machen sich auf philosophischem Gebiete breit. Schlagwörterfabrikanten führen auf ihm das große Wort. Die Übergescheitheit gibt sich für tiefe Weisheit aus. Was der Zeit abhanden gekommen ist, ist der Glaube an die absolute Geltung der Vernunft, die Einsicht in die einfache Tatsache, daß die Wirklichkeit vernünftig sein muß, um von der Vernunft erkannt, und daß ihr vernünftiger Inhalt gewollt, von einem Willen verwirklicht sein muß, um als Wirklichkeit erkannt zu werden. Man kennt die Vernunft nur mehr als subjektive, den Willen nur als einen Gegenstand der Psychologie und sieht sich damit in das Netz einer subjektivistischen und relativistischen Denkart verstrickt, die im Grunde jede Möglichkeit einer Wirklichkeitserkenntnis aufhebt. Und so muß man schon zufrieden sein, wenn wenigstens der philosophische Trieb lebendig bleibt, die Ehrfurcht vor den großen Denkern der Vergangenheit nicht ausstirbt und mitten in einer rein auf den materiellen Erfolg und den persönlichen Nutzen erpichten Welt sich doch noch immer Menschen finden, welche die Philosophie zu ihrer Lebensaufgabe machen, und denen es Herzenssache ist, die Welt „unter dem Gesichtspunkte der Ewigkeit" zu betrachten.

Namenverzeichnis.

Adickes 62.
Amrhein 115.
Aristoteles 134.
Avenarius 69—75.

Baeumker 135.
Bahnsen 31.
Bauch 88.
Beneke 122.
Bentham 24, 64.
Bernoulli 138.
Bolin 62.
Borgia, Cesare 146.
Börner 64.
Braun, Otto 9.
Bruno, Giordano 59.
Büchner 57, 58.
Busse 127.

Cathrein 134.
Cohen 99—106, 112.
Cohn, Jonas 117.
Commer 134.
Comte 50.
Cornelius 80.
Czolbe 51.

Darwin 14, 56, 57.
Descartes 17.
Deussen 34 f.
Dilthey 121—125.
Drews 9, 35 f., 61.
Dühring 48—55, 65, 93, 141.

Ehrhard, Alb. 135.
Epikur 142.
Erhardt, Franz 127.
Eucken 130—134, 136.

Falckenberg 128.
Fechner 17, 37, 43, 46. 127.

Feuerbach 50, 62
Fichte 20, 28, 82, 83, 88, 113, 127, 133.
Fischer, Engelbert Lorenz 135.
Fischer, Kuno 86 f.
Frauenstädt 30.
Frohschammer 126.

Gizycki 64, 65.
Gobineau 144.
Goethe 58, 59, 120.
Göring 66.
Gutberlet 134.

Haeckel 20, 55—62.
Hagemann 134
Hamerling 33.
Harnack 135.
v. Hartmann 7—29, 30, 31, 33, 35, 36, 38, 40, 43, 44, 45, 61, 67, 81, 89, 90, 91, 92, 93, 96, 128, 129, 130, 139, 151.
Hegel 5, 9, 20, 22, 27, 28, 29, 43, 88, 103, 111, 116, 122, 128, 129, 130, 148.
Hell, B. 79.
Hellenbach 32.
Helmholtz 87, 85 f., 90.
Henning, H. 79.
v. Hertling 135.
Hönigswald 79.
Horneffer, Ernst 138.
Hume 9, 76.

James 118.
Jodl 62—64, 98.

Kant 9, 11, 28, 34, 35, 38, 47, 62, 84, 85, 86, 87, 88, 89, 90, 96, 97, 99, 100, 101, 104, 105, 106, 108, 111, 113, 117, 119, 120, 126, 128, 134, 135, 139, 151.
Kappstein, Theod. 9.
v. Kirchmann 66 f.
Krause, Albr. 99.
Külpe 46

Laas 67—69, 82.
Lange, Albert 89—92, 93, 94, 95, 97, 99, 100, 118, 141.
Laßwitz 99.
v. Leclair 82.
Leibniz 13.
Lichtenberger 138.
Liebmann 87, 126 f.
Lotze 17, 67, 110, 113, 121, 127, 128, 152.

Mach 75—79.
Mainländer 39.
Marbe 46.
Messer 103.
Meumann 46.
Meyer, Richard M. 138.
Mill, John Stuart 62, 68, 82.
Moos 130.
Müller, Josef 135.

Natorp 106, 107, 112.
Nietzsche 23, 99, 113, 120, 136—150, 152.
Nietzsche, Elisabeth Förster- 137.

Pesch, Chr. 134.
Pesch, Tilmann 134.
Peters, Karl 35.
Petzold 79.
Pius X. 135.
Plato 5, 9, 27, 34, 106.
Plotin 9, 20, 29, 34.
Plümacher 29.
Prel, du 33.
Protagoras 68.

Ranke 123.
Ratzenhofer 65.
Rée 142.
Rehmke 83 f., 85.
Rembrandt 120.
Richter, Raoul 138.
Rickert 112—117.
Riehl, Alois 96—99, 100, 138.
Ritschl, der Theologe 135.
Ritschl, der Philologe 136.
Rousseau 149.

Salomé, Lou Andreas- 137.
Schell 135.
Schelling 6, 9, 18, 20, 27, 28, 88.
Schiller 129.
Schleiermacher 135.
v. Schnehen 61.
Schopenhauer 6, 18, 20, 23, 25, 29, 33, 34, 41, 42, 49, 51, 86, 90, 120, 138, 139, 140, 141, 142, 144, 148.
v. Schubert-Soldern 82.
Schuppe 80—83.
Sigwart 113.
Simmel 117—121, 138.
Sokrates 139.
Spengler 153.
Spinoza 20, 46, 56, 59.
Stadler 107.
Stammler 107.
Staudinger 107.
Stöckl 134.
Stölzle 135.
Strauß 54, 139.
Störring 46.

Taubert, A. 29.
Thomas v. Aquino 139.
Tönnies 64 f., 65.

Vaihinger 87, 92—96, 138.
Vischer 129.
Volkelt 75, 128—130.
Voltaire 141.
Vorländer 107.

Wagner, Richard 130, 139, 140, 141, 142, 144, 145.
Wahle 79 f.
Weber 37.
Weiße 85, 130.
Willmann 134.
Windelband 108—112, 114.
Wundt 36—46, 122.

Zeller 87.
Ziegler, Leopold 5.
Ziegler, Theobald 138.
Ziehen 79

Aus der Sammlung Göschen:

Geschichte der Philosophie

IV. Band: **Neuere Philosophie bis Kant** von Professor Dr. Bruno Bauch. Nr. 394.

V. Band: **Immanuel Kant** von Prof. Dr. Bruno Bauch. Nr. 536.

VI. Band: **Die Philosophie im ersten Drittel des 19. Jahrhunderts** von Professor Arthur Drews. Nr. 571.

VII. Band: **Die Philosophie im zweiten Drittel des 19. Jahrhunderts** von Professor Arthur Drews.

Weitere Bände in Vorbereitung.

Einführung in die Philosophie v. Prof. Dr. Max Wentscher. Nr. 281.

Hauptprobleme der Philosophie v. Prof. Dr. Georg Simmel. Nr. 500.

Religionsphilosophie von Prof. Dr. Otto von der Pfordten. Nr. 772.

Allgemeine Ästhetik von Prof. Dr. Max Diez. Nr. 300.

Ethik von Prof. Dr. Otto von der Pfordten. Nr. 90.

Erkenntnistheorie von Prof. Dr. Max Wentscher. I. Wahrnehmung und Erfahrung. Nr. 807.

— — II: Theorie und Kritik des Erkennens. Nr. 808.

Psychologie von Privatdozent Dr. Th. Erismann. I: Die Grundlagen der allgemeinen Psychologie. Nr. 831.

— — II: Die allgemeinsten Eigenschaften der Psyche. Nr. 832.

— — III: Die Hauptformen des psychischen Geschehens. Nr. 833.

Angewandte Psychologie von Dr. Th. Erismann. Nr. 774.

Psychologie der Religion von Dr. Rich. Müller-Freienfels. I: Die Entstehung der Religion. Nr. 805.

— — II: Mythen und Kulte. Nr. 806.

Psychologie und Logik zur Einführung in die Philosophie von Prof. Dr. Th. Elsenhans. Mit 13 Figuren. Nr. 14.

Grundriß der Psychophysik von Prof. Dr. G. F. Lipps. Mit 3 Figuren. Nr. 98.

Vereinigung wissenschaftlicher Verleger
Walter de Gruyter & Co. vormals G. J. Göschen'sche Verlagshandlung, J. Guttentag, Verlagsbuchhandlung, Georg Reimer, Karl J. Trübner, Veit & Comp.
Berlin W. 10, Genthiner Straße 38

Geschichte der neueren Philosophie

von Kues bis zur Gegenwart

im Grundriß dargestellt von

Dr. Richard Falckenberg

o. ö. Professor a. d. Universität Erlangen.

Achte, verbesserte und ergänzte Auflage

Groß-Oktav. I. Teil Kap. 1—14. Preis M. 27.—.

Das Werk bietet Zuverlässigkeit im Stofflichen und Klarheit in der Darstellung; es ist ein Lehrbuch, in dem der Ertrag der philosophiegeschichtlichen Forschung gut verarbeitet ist, und zugleich ein Lesebuch, das man gern in die Hand nimmt.

Prof. Max Dessoir in den Berliner Hochschulnachrichten.

Hilfsbuch zur Geschichte der Philosophie seit Kant

von

Professor Dr. Rich. Falckenberg

Dritte, verbesserte Auflage

Groß-Oktav. Preis geb. M. 5.60.

Aus Vorlesungsdiktaten entstanden und erweitert, hat sich das Hilfsbuch seit vielen Jahren sowohl als Grundlage für die Vorlesung wie bei der Vorbereitung der Studierenden auf die Prüfung zum Repetieren sehr nützlich gemacht.

Literarisches Zentralblatt.

Vereinigung wissenschaftlicher Verleger
Walter de Gruyter & Co., vormals G. J. Göschen'sche Verlagshandlung, J. Guttentag, Verlagsbuchhandlung, Georg Reimer, Karl J. Trübner, Veit & Comp.
Berlin W. 10, Genthiner Straße 38

Vereinigung wissenschaftlicher Verleger
Walter de Gruyter & Co., vormals G. J. Göschen'sche Verlagshandlung, J. Guttentag, Verlagsbuchhandlung, Georg Reimer, Karl J. Trübner, Veit & Comp.
Berlin W. 10, Genthiner Straße 38

Kolibri 360 GmbH
Ferdinand-Jühlke-Straße 7
99095 Erfurt, Deutschland
produktsicherheit@kolibri360.de